1時間でよくわかる

SDGs
と協同組合

【監修】一般社団法人 日本協同組合連携機構（JCA）

家の光協会

はじめに

近年、ドーナツ型のカラフルなバッジを付けている人を多く見かけるようになりました。国際連合（国連）が２０１６～２０３０年までの15年間で達成しようと掲げた「持続可能な開発目標（ＳＤＧｓ）」に、「自分（たち）はコミットし（ようとし）ているんだ！」という意気込みを表明したものです。ＳＤＧｓは、どうしてここまで広がりを見せているのでしょうか？

国連の言っていることなんて、どこか遠い世界のことと思ってしまうかもしれません。また、開発なんて国や大企業の仕事で、日本で慎ましく暮らす自分（たち）には関係のないことと感じる人もいるでしょう。でも、ＳＤＧｓは、じつは私たちに身近なもので、個人で気をつけなければならないことから地球規模の課題まで、とても重要な問題を提起しています。キーワードは「誰一人取り残さない」です。

私たちは日本人である以前に、地球市民です。国連はＳＤＧｓの担い手を「地球を救う機会を持つ最後の世代」と位置づけ、環境の悪化や紛争、貧困、不平

等などにより転覆しかけている船（地球）の乗組員である人類が、みんなで協同して舵取りをするよう警鐘を鳴らしています。そして、とりわけ重要な役割を持つ組織として協同組合を指名しているのです。ＳＤＧｓのメガネを通して見る世界は、じつは「他者への配慮」や「地域社会への貢献」を信条に掲げてきた協同組合人にとって、なじみのあるものばかりです。自然の恩恵を受けている生産者にとっては、気候変動は生業に直結しますし、食や健康や家計など生活や働き方の改善に寄与してきた日本の消費者や労働者は、ＳＤＧｓの掲げるほとんどのゴールに共感を覚えるでしょう。

本書は、ＳＤＧｓを協同組合に引き寄せて読み解いた、国内初の入門書です。読者を「誰一人取り残さない」よう、従来の入門書に比較して、視覚的に学んでいただける工夫を凝らしました。また、何章からでもお読みいただけるように構成しています。これから読者のみなさんが自分らしくＳＤＧｓに関わっていただけるよう、この一冊が手助けできれば幸いです。

一般社団法人　日本協同組合連携機構（ＪＣＡ）

目次

第4章　協同組合はSDGsをどう実践している？

SD《エスディー》じい

過去と未来を見通す千里眼をもつ仙人。口癖が「Sen-nin-Da-yo」なので「SDじい」。

クミちゃん

天真爛漫な5歳の女の子。2030年には高校生になっている。

Ａｉ《アイ》

未来からやってきたポンコツロボット。クミちゃんとのコンビで「クミ・Ａｉ」結成。

SDじいの SDGs クイズ

一つ選ぶのじゃ！

まずはクイズで、“SDじい”があなたの「SDGs理解度」をチェックします。はたして何問正解できるでしょう？

Q1 SDGsって何の略？

A. 世界投資会議

B. スーパー・ダイナミック・ガバメント

C. 持続可能な開発目標

Q2 いつ、誰が決めたの？

A. 先進国が2000年に決めた

B. 開発途上国が1950年に決めた

C. 国連加盟193か国で2015年に決めた

Q3 SDGsがめざすのは？

A. 世界共通化

B. 誰一人取り残さない世界

C. 強い者が生き残る世の中

Q4 日本で貧困状態にある子どもはどれくらい？

A. 7人に1人

B. 15人に1人

C. 100人に1人

Q5 これは何の写真？

A. アクセサリー用の石

B. チョコレート

C. プラスチックの破片

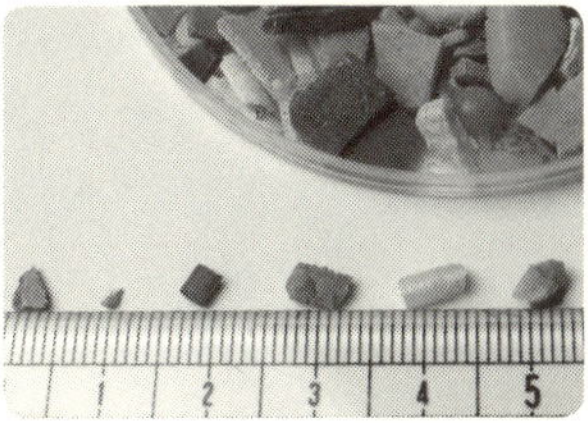

答えはp.8～10

A1 C:持続可能な開発目標

「SDGs」とは、「Sustainable Development Goals（サステイナブル・ディベロップメント・ゴールズ）」の略。直訳すると「持続可能な・開発・目標」という意味です。ディベロップメントは発展や成長と訳されることもあります。

SDGsは、私たち自身と、子や孫、さらにその先の世代も豊かに安心して暮らせる未来が続くために、いま私たちがやらなければならないことのリストです。大きく分けると、ゴールが全部で17個あります（p.16）。一つではなく複数あるので、末尾に複数形の「s」がついています。p.12から詳しく解説します。

A2 C:国連加盟193か国で2015年に決めた

「持続可能な開発目標（SDGs）」は、2015年9月に国連の193の加盟国で採択されたもの。その決め方は、画期的でした。普通、国連が打ち出す方針などは、政府や国連の代表、さまざまな専門家などが議論をし、私たちが知らない間に決まっている、そんな感じです。でも、SDGsは違いました。その過程が全世界に向けて包み隠さずオープンにされ、オンライン調査も行われ、世界194か国の約1000万もの人たちや、いろいろな団体から意見が寄せられて生まれたものです。まさに世界のみんなが関わって決めたというところが、SDGsのすごい点です。

A3 B：誰一人取り残さない世界

SDGsが掲げる基本理念は、「no one（will be）left behind（ノー・ワン・レフト・ビハインド）」。これは、「誰一人取り残さない」、「誰も置き去りにしない」ということ。テロや紛争が絶え間なく勃発し、気候変動が猛威をふるい、貧富の差はますます広がって、難民や避難民の数は第2次世界大戦以降、最大規模という今の時代に、貧しい人や飢餓に苦しむ人たちをなくし、不平等や格差をなくしていく。それこそが「ノー・ワン・レフト・ビハインド」を体現した世界であり、めざす社会の究極の形なのです。

A4 A：7人に1人

厚生労働省の調査によると、日本の18歳未満の子どもの貧困率は13.9％。つまり7人に1人（2015年）。ひとり親の家庭の貧困率に至っては50.8％です。これは先進国でつくる経済協力開発機構（OECD）加盟国の平均を上回っています。親子2人世帯では、月額およそ14万円以下の所得（公的給付含む）しかありません。SDGsが掲げる目標の1番目は「貧困をなくそう」、そして2番目は「飢餓をゼロに」です。子どもの貧困は、子どもたちの健康や学ぶ機会を奪うだけでなく、日本社会全体に関わる将来へのツケとして、暗い影を落とす重大な問題。決して遠い外国に限った話ではありません。

A5 C:プラスチックの破片

マイクロプラスチックと呼ばれる、5ミリ以下の小さなプラスチックゴミの破片です。世界の海には、年間500万～1300万トンのプラスチックゴミが流れ出していると推計され、2050年には海のプラスチックの量が、魚の総重量を上回るという試算もあります。そのなかで、ペットボトルやレジ袋が劣化し砕けたものから、洗顔料・歯磨き粉などに含まれる小さな粒まで、マイクロプラスチックは回収が難しく、深刻な環境問題の一つです。日本周辺の海に漂うマイクロプラスチックの量は世界平均の27倍という調査結果も。海洋汚染だけでなく、魚や鳥、人体への影響も懸念されていますが、よくわかっていません。

SDGsでは森や海などの自然を守ること、気候変動や資源の使い方などについても意識を向けるよう呼びかけ、具体的な行動を求めています。

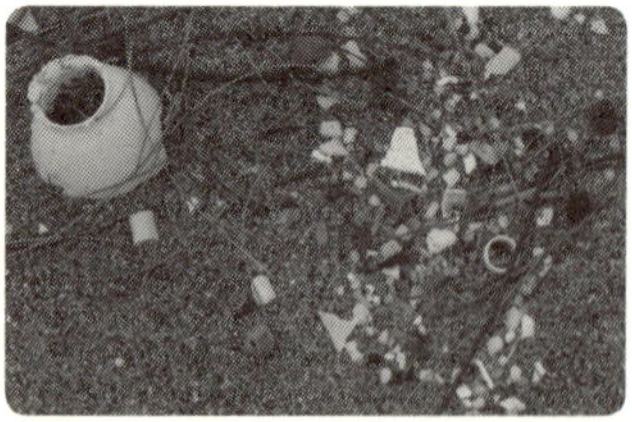

第1章

SDGsってそもそもなに？

ある日、クミちゃんが、大好きなブリキのおもちゃを抱えて散歩をしていたら、SDじいが雲に乗って現れました。

魔法の杖でおもちゃをロボットAiに変身させると、SDじいは言いました。

「未来をいっしょに考えよう」

こうしてSDGsをめぐるクミ・Aiの冒険が始まったのです。

クミ・Aiといっしょに学んでいきましょう。

ＳＤＧｓはなんて読むの？どんな意味？

Sustainable 持続可能な　Development 開発　Goals 目標

読み方はエス・ディー・ジーズじゃ。
目標が17個あるから、単数ではなく
複数形の「s」がついておる。
エス・ディー・ジー“エス”ではないぞ。

ＳＤＧｓとは、「持続可能な開発目標（Sustainable Development Goals)」から、一文字ずつ取った略称です。私たちの子や孫、ひ孫、さらにはその先の世代までも、ずっと豊かに暮らしていけるように、私たち自身が今やるべきことを大きく17個に分類したものが、ＳＤＧｓです。

国連ができてから70周年となる節目の２０１５年、１９３の加盟国が一つの文書を全会一致で採択しました。それが「我々の世界を変革する：持続可能な開発のための２０３０アジェンダ」です。

「アジェンダ」はフランス語で「手帳」などを表し、英語圏では「検討課題」や「行動計画」という意味として使われてきま

した。この「２０３０アジェンダ」が掲げたもの。それが、17の目標と１６９のターゲット、そして詳細な２４４の指標からなる「持続可能な開発目標＝ＳＤＧｓ」なのです。

「２０３０アジェンダ」はあらゆる国が参加し、取り組まなければならない行動計画です。「今のままでは地球はもたない」という危機感から、将来にわたって続いていける世界をめざします。そのために、２０１６年から２０３０年まで期限を区切って、取り組むべき課題や行動計画をまとめました。その特徴は次の五つです。

SDGsの特徴

普遍性
先進国を含め、すべての国が行動する。

包《ほう》摂《せつ》性
人間の安全保障の理念を反映し、「誰一人取り残さない」。

参画性
政府、企業、NGO（非政府機関）、有識者などすべてのステークホルダー（利害関係者）が役割をもっている。

統合性
社会・経済・環境のいずれの側面も追求し、総合的に取り組む。

透明性
モニタリング指標を定め、定期的に進捗確認。

MDGsからSDGsへ

ＳＤＧｓの前身は、２０００年に開催された国連ミレニアムサミットで採択された「国連ミレニアム宣言」です。ここで掲げられた課題は、貧困や飢餓と闘うこと、ＨＩＶ／エイズのような病気をなくすこと、男女間の差別をなくすこと、より多くの子どもたちが学校に行けるようにすることなどでした。

この宣言と、それ以前に開催された主要な国際会議で採択された開発目標を、一つの共通の枠組みとしてまとめたのが「ミレニアム開発目標（Millennium Development Goals）」です。一文字ずつを取って「ＭＤＧｓ（エム・ディー・ジーズ）」と呼ばれる八つの目標です。

これらは一定の成果を挙げたものの、乳幼児死亡率の削減や妊産婦の健康の改善など積み残した課題も多かったため、継続的に、より広く大規模に取り組もうと決めたのがＳＤＧｓです。ＭＤＧｓとＳＤＧｓには、大きく次の四つの相違点があります。

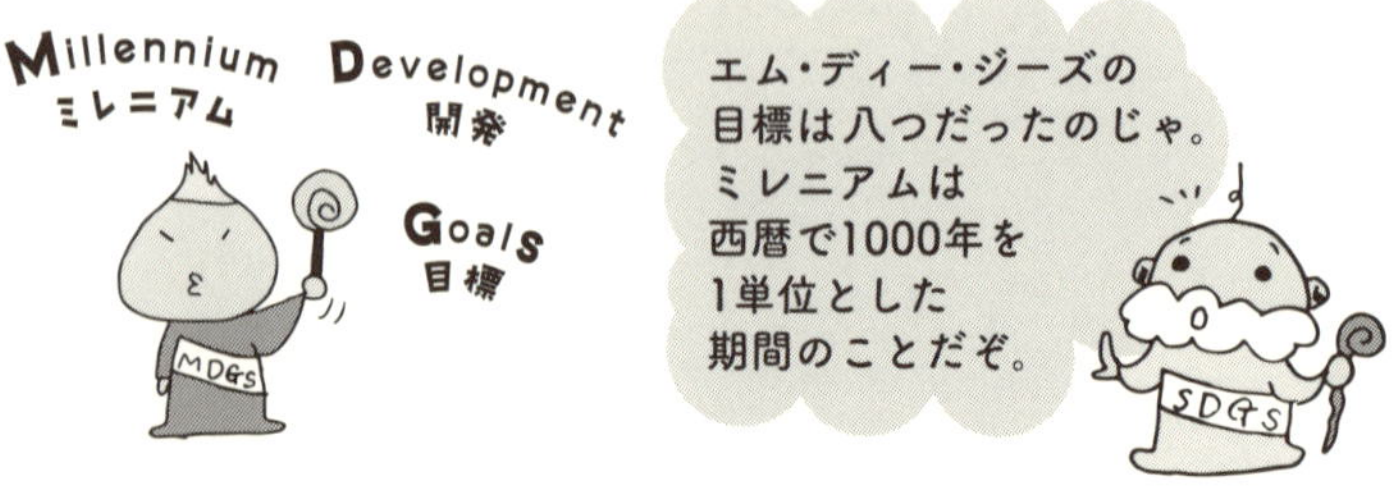
Millennium
ミレニアム
Development
開発
Goals
目標
MDGs
エム・ディー・ジーズの
目標は八つだったのじゃ。
ミレニアムは
西暦で1000年を
1単位とした
期間のことだぞ。
SDGs

MDGsの目標

1. 極度の貧困と飢餓の撲滅
2. 普遍的初等教育の達成
3. ジェンダーの平等の推進と女性の地位向上
4. 乳幼児死亡率の削減
5. 妊産婦の健康の改善
6. ＨＩＶ／エイズ、マラリア、その他の疾病の蔓延防止
7. 環境の持続可能性の確保
8. 開発のためのグローバルなパートナーシップの推進

ロゴ作成：ＮＰＯ法人「ほっとけない　世界のまずしさ」

①開発途上国だけなく、先進国も含めた全世界共通の目標である。

②目標が8から17に増え、広さと深さの両面でMDGsを上回る。

③資金（5兆〜7兆ドル）、テクノロジー、データ、制度などの実施手段を重視している。

④将来のあるべき姿を想定し、未来から現在を振り返って考える「バックキャスティング」という考え方を用いている。

MDGsについては、国内外での認知はあまり広がりを見せませんでしたが、SDGsは急速に広まっていきます。多くの企業が自社の取り組みを前面に打ち出し、駅や町ではポスターが貼り出され、書籍も多数刊行。特集を組む女性誌まで現れ、世間では一大SDGsブームともいえる様相となりました。

どうして目標が17個もあるの？

広い範囲でやらねばならんことがあるからじゃ。17の目標は3つの分野（環境・社会・経済）に分けられるぞ。
SDGs
A

K

SDGsがめざすのは、①地球の環境を守りながら、②すべての人が尊厳をもって生きられる社会と、③誰もが豊かな暮らしを継続的に営むことのできる経済を実現すること。①は環境、②は社会、③は経済の側面です。

それをわかりやすく図式化したのが左ページ。ウェディングケーキに形状が似ていることから「SDGsウェディングケーキモデル」と呼ばれ、国際的に著名な環境学者であるヨハン・ロックストローム※氏が考案しました。6、13、14、15の目標によって環境を守り、1、2、3、4、5、7、11、16の社会を実現し、8、9、10、12の経済活動を可能とする。これらを実現するために欠かせないのが、一番上にあるパートナーシップ＝17です。

※ SDGsのもととなる概念「プラネタリーバウンダリー（地球の限界）」を提唱した。

SDGs ウェディングケーキモデル

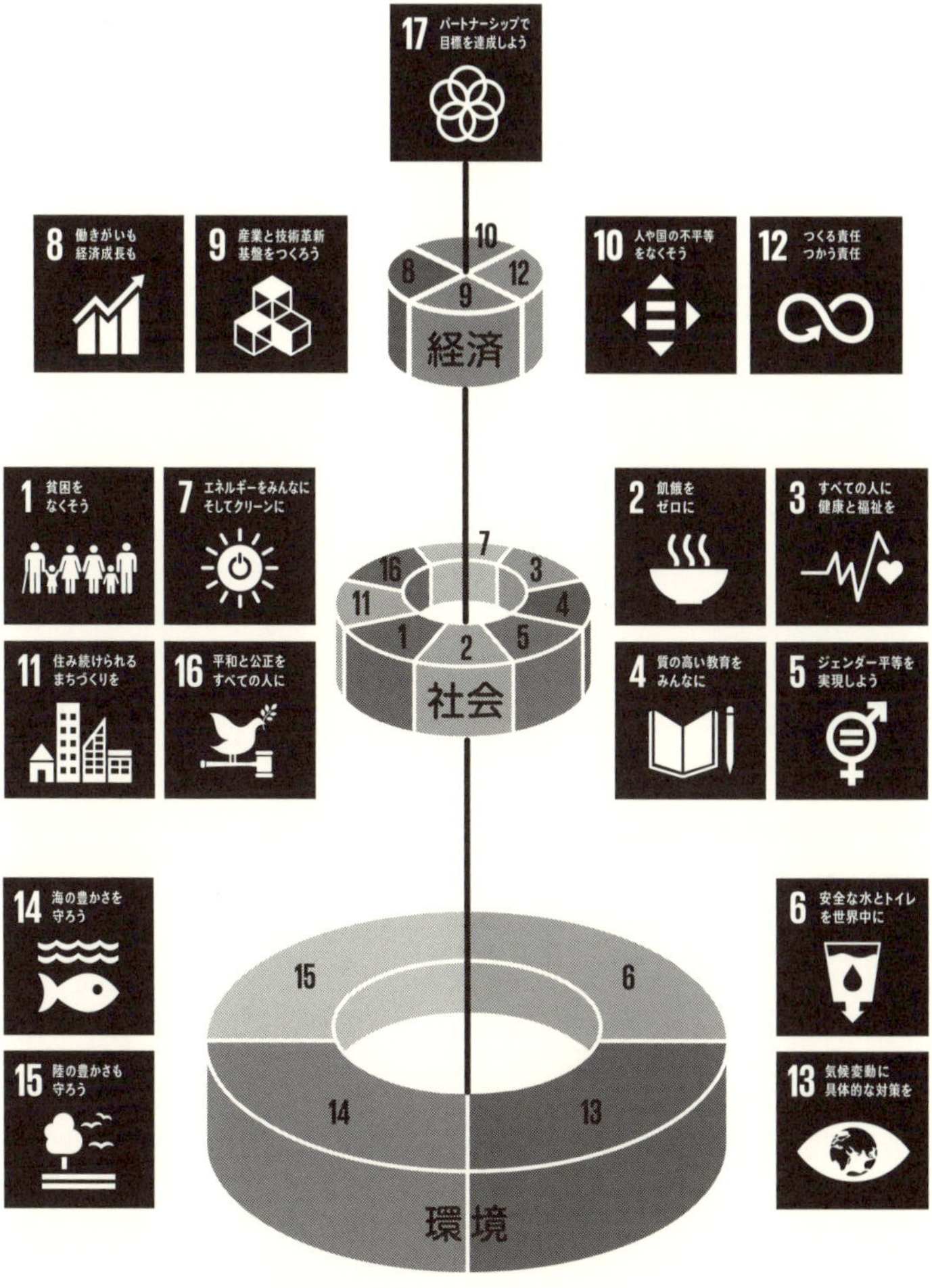

出典：ストックホルム・レジリエンスセンター
https://www.stockholmresilience.org/research/research-news/2016-06-14-how-food-connects-all-the-sdgs.html をもとに作成

あらゆる場所で、あらゆる形態の貧困に終止符を打つ

世界銀行が設定する国際貧困ラインは、1日1.9ドル。日本円に換算すると200円ちょっと（2019年10月時点）です。1日をこれ以下で過ごさなければならない人が、世界には7億3600万人（2015年）もいます。

「日本の生協の父」といわれる賀川豊彦や、報徳思想を唱えて助け合いの組織「報徳社」をつくった二宮尊徳らは、かつて都市部や農村部の貧困の根本解決に向き合いました。先進国の日本でも、7人に1人の子どもが貧困状態にあります。創始者たちの伝統を受け継ぐ私たち現代の協同組合も、貧困の解決から目を背けてはなりません。

飢餓に終止符を打ち、食料の安定確保と栄養状態の改善を達成するとともに、持続可能な農業を推進する

満足な食事をとれず、栄養不良な状態にある人は、世界には約8億2100万人（2017年）もいます。すべての人に食料が行き届くには、世界に5億戸以上ある小規模な家族農業の質を高め、生産性を上げる必要があるといわれます。

世界初の協同組合といわれる、イギリスのロッチデール公正先駆者組合が最初に店の棚に並べた商品は小麦粉、砂糖、バター、オートミールでしたし、「農村協同組合の父」といわれるドイツのＦ．Ｗ．ライファイゼンは、飢えに苦しむ農民たちのために協同でパン焼き窯を作りました。協同組合のもっとも基本的な役割は、組合員に食料を補給することであり、組合員はみんなでそれを分かち合うことで絆を強めてきたのです。

3 すべての人に健康と福祉を

あらゆる年齢のすべての人々の健康的な生活を確保し、福祉を推進する

毎年500万人を超える子どもたちが、5歳の誕生日を迎える前に命を落としています。とくにサハラ以南アフリカと南アジアの死亡率が高く、5歳未満で亡くなる5人に4人がこの地域の子どもたちです。一方で、薬物の乱用やアルコールへの依存、交通事故、環境汚染などによって健康を害する人は、途上国・先進国を問わず増え続けています。

日本の協同組合では、地域住民の健康や福祉に配慮し、ＪＡが歯医者さんのいない島しょ部で訪問歯科診療をしたり、遊休施設を活用して組合員がヘルパーとなってデイサービスに取り組んだり、医療生協が災害発生後に仮設住宅への訪問などを行ったり、さまざまな取り組みをしています。

4 質の高い教育をみんなに

すべての人々に包摂的かつ公平で質の高い教育を提供し、生涯学習の機会を促進する

「包摂的」とは、「すべてを包み込む」こと。15歳以上で読み書きができない人は、世界で約7億5000万人（2016年）もいます。そのうちおよそ3人に2人が女性です。あらゆる人が、性別や年齢に関係なく生涯にわたって学習する機会を用意することが、急務です。

日本では、保育園の待機児童問題、無戸籍者や外国人の未就学問題、奨学金返済問題、医学部における女子受験生の不正な点数操作など、先進国とは言いがたい課題が山積しています。地方自治体ごとに男女の大学進学率を見ると、男性と女性では1.4倍もの開きがある地域もあります。

ジェンダーの平等を達成し、すべての女性と女児のエンパワーメントを図る

女性というだけで教育を受けられない、少女のうちから結婚や出産を強要される、という国はいまだ数多くあります。先進国でも、多くの場面で女性差別や格差は根強くあります。例えば2017年度のＪＡ調査によれば女性の正組合員割合は21.38%、総代割合は8.7%、役員（理事・経営管理委員・監事）は7.7%、職員で課長職以上は9.1%と、以前に比べ大幅な改善が図られたものの依然として低位のままです。

「ジェンダー」とは男女の生物学的な性差だけでなく、社会的・心理的な性差も含みます。「エンパワーメント」とは、人が夢や希望をもち、生きる力がわきあがることを意味します。

すべての人々に水と衛生へのアクセスと持続可能な管理を確保する

世界では約22億人（2017年）が安全に管理された飲み水を入手できません。そのなかの約1億4400万人が、湖や河川、用水路などの処理されていない地表水を飲み、女性や子どもが長時間かけて水を汲みに行かなければならない地域も多くあります。また、約42億人が安全に管理されたトイレを使えません。そして、不衛生な環境や水が原因の下痢によって、毎年約29万7000人の5歳未満の子どもが命を落としています。

日本の食料自給率※は37%（2018年度）。仮に輸入農畜産物を生産するとしたらどの程度の水が必要かを推定した水の量をバーチャルウォーターといいます。この考えに基づくと、日本は食料だけでなく大量の水も海外から輸入していることになります。

※カロリーベースの食料自給率。

7 エネルギーをみんなに そしてクリーンに

すべての人々に手ごろで信頼でき、持続可能かつ近代的なエネルギーへのアクセスを確保する

世界資源研究所の分析によれば、現在世界では約８億4000万人が電力にアクセスできていません。エネルギーの多くは、石油や石炭、天然ガスといった限りある資源に頼らざるをえませんが、これらは二酸化炭素などの温室効果ガスによって気候変動を深刻化させます。エネルギーをより効率的に使うこと、再生可能なエネルギーを増やすことが求められています。

日本の原発事故後真っ先にエネルギー・ヴェンデ（大転換）を行ったドイツでは、バイオガスで自家発電をする農家も増えてきています。アメリカ国内の電化整備の歴史をけん引してきたのは電力協同組合で、近年では自然災害発生後にいち早く電源車を向かわせるなどしてインフラ復旧に貢献しています。

8 働きがいも 経済成長も

すべての人々のための持続的、包摂的かつ持続可能な経済成長、生産的な完全雇用およびディーセント・ワークを推進する

開発途上国では失業率の高さや児童労働が大きな問題ですが、先進国では、日本のように過労死が問題になったり、女性や高齢者、障がい者、外国人といった立場の弱い人たちが賃金や労働環境などで不利な待遇を受けたりしています。

「ディーセント・ワーク」とは、「働きがいのある人間らしい仕事」のこと。イギリスの社会改革家ロバート・オウエンは工場での児童労働をやめさせ、世界初の託児所を設けました。日本の協同組合では、非正規雇用の待遇などの課題があります。また、外国人技能実習生の多くが日本では働きたくないという調査結果もあります。労働力不足が深刻化するなか、日本でも人間を中心に据えた働き方改革を真剣に考えなければなりません。

レジリエントなインフラを整備し、包摂的で持続可能な産業化を推進するとともに、イノベーションの拡大を図る

「レジリエント」とは「強靭《きょうじん》」や「しなやかさ」、「インフラ」は上下水道や道路、電力網、通信施設といった公共的な設備、そして「イノベーション」は「新しい活用法」のことです。多くの開発途上国では、基礎的なインフラが整備されていません。製造業は、経済開発と雇用の重要なけん引役ですが、低所得国をはじめ多くのアフリカ諸国では、インフラが整備されていないことによって、企業の生産性が約 40%損なわれています。

持続可能な開発には、持続可能な産業が欠かせません。そして、持続可能な産業をさらに進めていくのに必要なのが、イノベーションです。

国内および国家間の不平等を是正する

国際NGO「オックスファム・インターナショナル」は、世界でもっとも裕福な 26 人が、所得の低い 38 億人の総資産と同じ額の富を握っているという報告書を、2019 年 1 月に出しました。それぞれの国の中でも、ほんの一握りの人たちに富が集中し、貧しい人はより貧しくなり、所得の不平等は拡大し、先進国も例外ではありません。

また、日本でも、非正規雇用者、障がい者、性的少数者など生きにくさを感じている人が多数います。年齢や性別、障がい、人種、民族、宗教や出自などによって生じる不平等をなくし、みんなが活躍できる社会。それこそが、SDGs のめざす「誰一人取り残さない」世界です。

都市と人間の居住地を包摂的、安全、レジリエントかつ持続可能にする

現在世界人口の半分の約35億人が都市で暮らし、その数はこれからも増え続け、2030年までに都市住民は50億人に達すると予測されています。都市に人口が集中することで、住宅不足、さまざまな設備の老朽化、大気汚染やごみの増加、格差の拡大、犯罪の増加といった問題が起こり、それらへの対策は喫緊の課題です。また、災害が発生したときに被害を最小にとどめるまちづくりも必要です。

日本では都市住民の農業や田園回帰への関心とともに、新規就業者に対するJAや漁協、森林組合の役割発揮への期待も高まっています。また自治体と包括的な連携協定を結ぶ協同組合も増加傾向にあります。

持続可能な消費と生産のパターンを確保する

大量のエネルギーを使い、大量のものを作り、大量に廃棄する。これが現代社会の生産と消費の実像です。遠からず資源は枯渇し、環境破壊は破滅的な規模になるでしょう。日本の生協では、以前から「エシカル消費（倫理的消費）」という考え方を広めてきました。劣悪な環境で生産されていないか、例えば児童労働や生態系の破壊など、消費者がものを買うときにそれが作られる背景をしっかりと考える消費行動です。

また、日本ではまだ食べられるのに捨てられている「食品ロス」が年間約643万トン（2016年度）あります。これは、世界の食料援助量の約1.7倍に当たります。この問題に対しても、生協をはじめ協同組合が取り組んできました。

13 気候変動に具体的な対策を

気候変動とその影響に立ち向かうため、緊急対策を取る

温暖化による異常気象や気候変動は、世界各地でさまざまな被害をもたらし、日本もまた例外ではないと考えられます。化石燃料の使用を控えて温暖化を抑える緩和策、そして災害をできるだけ小さく抑える適応策を並行して進めなければなりません。温暖化への影響が大きい二酸化炭素排出量は、1990 年以来 50%近く増大。2016 年の排出量 1 位は中国、2 位はアメリカで、2 か国で 43%を占めます。日本は 5 位 (3.5%) です。

日本生活協同組合連合会では、2017 年に二酸化炭素の削減目標として、2030 年には 2013 年に比べ 40%削減、2050 年には 90%削減という目標を掲げました。全国の生協で具体的な取り組みが進んでいます。

14 海の豊かさを守ろう

海洋と海洋資源を持続可能な開発に向けて保全し、持続可能な形で利用する

p.10 でマイクロプラスチックによる海洋汚染の問題にふれましたが、人間が出す大量のゴミや排水が海を汚して、魚や鳥、海獣の命を奪っています。プラスチックは食物連鎖を通して魚などの体内に蓄積され、最終的にそれらは濃縮されたかたちで人間の口へと入ります。

また、人口増加や世界的な魚食の普及で、世界の漁業・養殖生産量は増加し続け、近年日本でもサンマやウナギ、秋サケなどが不漁になったり、密漁による乱獲が増加したりしています。現状のペースで魚を獲り続けていると、漁業資源もいずれ枯渇しかねません。こうしたなかで、海面・内水面（河川や湖など）のいずれも、漁協が番人となって水圏を守っています。

陸上生態系の保護、回復および持続可能な利用の推進、森林の持続可能な管理、砂漠化への対処、土地劣化の阻止および逆転、ならびに生物多様性損失の阻止を図る

貧困や飢餓をなくすための開発は重要ですが、そのために自然環境や生態系が破壊されては、元も子もありません。人間を含めたすべての生物が、この地球上で長く暮らしていけるように、自然環境と生物の多様性を守っていくことが必要です。人間の多様性には食の多様性が不可欠であり、それには生物の多様性が大前提となります。

例えば、水田は食料である米を生産するだけでなく、洪水や土砂崩れを防いだり、生き物のすみかになったり、景観を保全したりといった、多面的機能があります。また、林家（りんか）に代わって植林や間伐などで森林を保全してきた森林組合は、目標 15 にもっとも貢献する協同組合といえるでしょう。

持続可能な開発に向けて平和で包摂的な社会を推進し、すべての人々に司法へのアクセスを提供するとともに、あらゆるレベルにおいて効果的で責任ある包摂的な制度を構築する

21 世紀は愛と平和の世紀になると思って期待していたら、実はテロと紛争、自然災害の世紀だった——そう感じている人も多いでしょう。自国第一主義を掲げるエゴが蔓延し、歴史をゆがめる司法がまかり通り、世界は怒りと悲しみ、不和に満ちみちているようです。憎しみや怒りの連鎖を乗り越え、人と人、国と国がともに手を携え歩める世の中を実現するにはどうしたらいいのでしょうか。

協同組合の基本理念は「一人は万人のために、万人は一人のために」です。一貫して歩んできたその道は、ＳＤＧｓがめざす世界に通じています。

17 パートナーシップで目標を達成しよう

持続可能な開発に向けて実施手段を強化し、グローバル・パートナーシップを活性化する

1～16までの目標は、それぞれの国が努力して実現できることもありますが、多くは先進国が開発途上国を支援したり、ともに手を携えたりしなければ実現できないむずかしい課題ばかりです。

国同士だけでなく、自治体、団体、企業、個人などあらゆる段階でパートナーシップを緊密に結び、強力に動いていこうというのが最後の目標17です。

日本の協同組合は国内外における協同組合間の協同に早くから取り組んでおり、自治体や企業、NGO、NPOとの連携も広がっています。

目標を達成するにはどうしたら？

169の的（ターゲット）を
射抜けば、17の目標（ゴール）
が達成できる。
それがSDGsの仕組みじゃ。
しかしその道のりは遠いぞ。
SDGs

SDGsの構造

SUSTAINABLE
DEVELOPMENT
GOALS
17のゴール
169のターゲット
244の指標

ＳＤＧｓは2年間の国際交渉を経てできたもので、その間、広く市民社会の意見を聞く取り組みが行われました。いわばこれは「人類が初めて決めた共通の目標」でもあります。

改めてその構造を見ると、持続可能な開発目標が17個あり、その目標を達成するために１６９個の※ターゲット、そしてそれらの達成状況を測るために２４４個の指標が決められています。この指標によって、各国の達成状況が定量評価されるのです。ＳＤＳＮ（持続可能な開発ソリューションネットワーク）とベルテルスマン財団が毎年発表している「サステイナブル・ディベロップメント・レポート」

※外務省のウェブサイトにターゲットの仮訳が掲載されている。
https://www.mofa.go.jp/mofaj/gaiko/oda/sdgs/pdf/000101402.pdf

２０１９年版の国別ランキングでは、17目標すべての達成が順調に進んでいる国は一つもなく、上位の国でさえ、12「つくる責任　つかう責任」、13「気候変動に具体的な対策を」、14「海の豊かさを守ろう」、15「陸の豊かさも守ろう」に関しては取り組みが遅れている、と指摘されており、とりわけ14を達成している国は一つもありませんでした。

日本は２０１７年は11位でしたが、18、19年は15位となっています。最大の課題と指摘されているのは、5「ジェンダー平等を実現しよう」と12、13、そして17「パートナーシップで目標を達成しよう」です。女性国会議員の少なさ、男女の賃金格差、再生可能エネルギーの割合の低さ、所得格差、電気電子機器廃棄物、窒素や二酸化炭素排出量、炭素比率、水産資源の乱用、絶滅危惧種の保護、金融の透明性を明らかにした秘密度指数などが「最大の課題」とされています。

なお、レポートでは経団連がＳＤＧｓの達成を企業行動憲章に盛り込み、企業の取り組みを促したことを高く評価しました。では、協同組合は？　これは第２章で説明します。

SDGs 達成のための変革が行われていると評価される国のランキング

1位	デンマーク
2位	スウェーデン
3位	フィンランド
4位	フランス
5位	オーストリア
15位	日本
18位	韓国
35位	アメリカ
39位	中国

出典：SDGs インデックス＆ダッシュボードレポート（2019 年）

第2章

協同組合はSDGs達成のために何ができる？

JA、生協、漁協、森林組合、労働者協同組合、
労働金庫、信用金庫、信用組合、
中小企業の協同組合……。
日本にはさまざまな協同組合があります。
クミちゃんとAiは、農業者や漁業者、
林業者、消費者など、協同組合の
仲間たちと出会うことで、SDGs達成に
向けた大きな力を得ました。

協同組合とSDGsはどんな関係？

この二つは、じつはとてもよく似ておる。SDGsの中に、協同組合の考え方がたくさんちりばめられておることに気づかんかの？
SDGs

協同組合の精神は、「一人は万人のために、万人は一人のために」。これは、「誰一人取り残さない」という行動理念を掲げるSDGsと非常に近いものだと思いませんか？　日々の不安や将来の心配があふれ返っている現在、さまざまな問題をみんなで協力し、解決していく――それが、協同組合という組織の本質です。

SDGsの中には、協同組合の思想がちりばめられている、あるいはICA（国際協同組合同盟）の定める協同組合の定義・価値・原則の中にSDGsを先取りした考え方がいくつも埋め込まれている、ととらえることができます。はっきりとは意識しないまま、協同組合の活動の中で、SDGsの領域に踏み込んでいる場合も多々あります。

ＳＤＧｓのベースとなった「２０３０アジェンダ草案の下地」は、２０１３年に国連社会開発研究所やＩＬＯ（国際労働機関）らが、「社会的連帯経済タスクフォース」を立ち上げてつくりました。メンバーは20の国連機関です。このほかにオブザーバーとして三つのＮＧＯ（非政府組織）が招かれましたが、そのなかの一つがＩＣＡでした。

社会的連帯経済とは、社会的、経済的に有用で明確な目的を有し、地球環境の保護などを優先させる組織や事業体のことをいいます。協同組合をはじめ、社会的企業、自助グループ、非営利組織、コミュニティ事業体などが含まれていて、世界では今、大きなうねりとなっています。

コミュニティに根ざしているからできること

協同組合の特徴を一言でいえば、「お金の結びつきだけではなく、人的にも結びついた組織」であること。協同組合の組合員は、自ら出資し、運営もし、そして参加・参画し、一人一票の原則というみんなが平等に意思表明できるシステムで経営されています。そして、協同組合は地域や職域といったコミュニティと一体です。なぜなら、協同組合の組合員はそこで暮らしたり働いたり学んだりする人たちだからです。協同組合は本質的にコミュニティの課題に対して無関心でいられず、協同組合の価値は、組合員はもとより、そのコミュニティとの関係性の中でしか生まれない、といってよいでしょう。

　世界中の協同組合が共有するルールとして、左ページの七つの原則（協同組合原則）があります。この原則は、時代の流れに合わせて改訂されてきました。１９９５年の改訂時に追加されたのが、第7原則「地域社会への配慮」でした。そこでは、「協同組合は、組合員がよいと思うやり方によって、地域社会の持続可能な発展（sustainable development）に努めます」と、すでに謳《うた》われているのです。

　ＳＤＧｓをきっかけに協同組合について改めて考えるとき、地域の一員として地域社会にどう関わるか、貢献するかという視点は、きわめて重要になってきます。ＳＤＧｓは国や地域、セクター、そして世代や文化の壁も超える共通言語であり、世界共通の物差しにもたとえられます。協同組合のメンバーにとっては、日々の活動が何につながっているのか、足りないものは何かを点検し話し合うための、いわばチェックリストとしてもＳＤＧｓを活用できるでしょう。

協同組合の定義・価値・原則

〈定義〉

協同組合とは、人びとの自治的な協同組織であり、人びとが共通の経済的・社会的・文化的なニーズと願いを実現するために自主的に手をつなぎ、事業体を共同で所有し、民主的な管理運営を行うものです。

〈価値〉

協同組合は、自分たちの力と責任で、民主的に、平等で公平に、そして連帯してものごとをすすめていくことを基本理念とします。また先駆者たちの伝統にしたがって、協同組合の組合員は、倫理的な価値観として、誠実でつつみ隠さず、社会的責任と他者への思いやりをもつことを信条とします。

〈原則〉

第１原則：自発的でオープンな組合員制度
第２原則：組合員による民主的運営
第３原則：組合員による財産の形成と管理
第４原則：組合の自治・自立
第５原則：教育・研修と広報活動の促進
第６原則：協同組合間の協同
第７原則：地域社会への配慮

出典：協同組合の定義・価値・原則は一般社団法人日本協同組合連携機構『新　協同組合とは〈四訂版〉そのあゆみとしくみ』より。ほかにも研究者や各組織によってさまざまな日本語訳が行われ、使用されている。

協同組合に寄せられる期待って？

2016年11月に、「協同組合の思想と実践」がユネスコ無形文化遺産に登録されたのは記憶に新しいことです。これは、協同し、参加して社会的課題を解決する協同組合という仕組みが、改めて国際的に評価されるという画期的な出来事でした。

ユネスコは、協同組合を「共通の利益と価値を通じてコミュニティづくりを行うことができる組織であり、雇用の創出や高齢者支援から都市の活性化や再生可能エネルギー事業まで、さまざまな社会的な問題へ

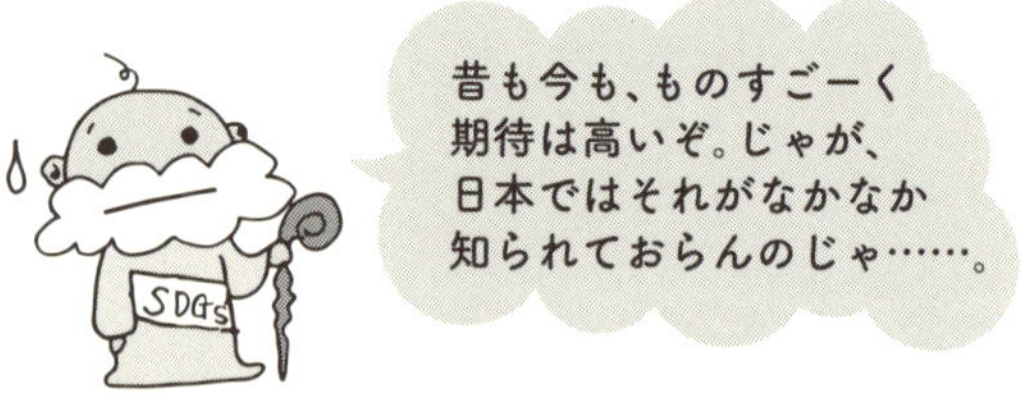

SDGs
昔も今も、ものすごーく期待は高いぞ。じゃが、日本ではそれがなかなか知られておらんのじゃ……。

「協同組合は、平等と民主的参加の原則を保っている。**協同組合は、誰も取り残さないというSDGsの原則を体現している**」
「SDGsそのものと同じように、協同組合は**人を中心に置く**。組合員の所有と運営のもと、協同組合は**コミュニティに強く関与**している」

——潘基文　国連事務総長（2016年当時）

現在、「新しい公共」すなわち、従来の行政機関ではなく、地域の住民やNPO等が、教育や子育て、まちづくり、防犯・防災、医療・福祉、消費者保護など身近な課題を解決するために活躍している。

協同組合をはじめ、地域の住民が共助の精神で参加する公共的な活動を担う民間主体が、各地域に山積する課題の解決に向けて、自立と共生を基本とする人間らしい社会を築き、地域の絆を再生し、SDGs へ貢献していくことが期待されている。

日本政府SDGs推進本部「SDGs実施指針改定版」
（2019年12月20日一部改定）

の創意工夫あふれる解決策を編み出している」と、評価しました。

これに先立つ２０１２年は、国連が定めた「国際協同組合年」であり、当時の国連の潘《パン》基《ギ》文《ムン》・事務総長は、「協同組合は、経済的な発展と社会的な責任の両方を追求できることを国際社会に示す何よりの証《あかし》である」と、述べています。

国内においても、協同組合への期待は高まっています。日本政府は２０１９年12月に「ＳＤＧｓ実施指針」を改定しました。そこでは、「主なステークホルダーの役割」という項の「新しい公共」として、「協同組合」を上のように明確に位置づけています。

世界人口の半分の生活を支える

協同組合と国連との関わりは深く、国連の経済社会理事会（ＥＣＯＳＯＣ）が外部意見を求める諮問機関として、非政府を代表して最初に登録されたのは協同組合の国際的な連合組織であるＩＣＡでした（１９４６年）。ポーリン・グリーンＩＣＡ元会長は、「協同組合は世界人口の半分の生活を支えている」と述べています。

ＩＣＡは世界約１００か国の約３００組織が会員となっています。約10億人以上の協同組合の組合員を代表する世界最大規模のＮＧＯ（非政府機関）でもあるＩＣＡは、長きにわたって国連やバチカンのローマ法王などに協同組合の社会的役割や影響を訴え続けてきました。

これらのことから、ＳＤＧｓでは、役割を果たすべき多様な民間セクターの一つとして、協同組合が、下のように言及されています。

「2030アジェンダ」における協同組合

（第41段落）

我々は、小規模企業から多国籍企業、**協同組合**、市民社会組織や慈善団体等多岐にわたる民間部門が新アジェンダの実施における役割を有することを認知する。

（第67段落）

我々は、小企業から**協同組合**、多国籍企業までを包含する民間セクターの多様性を認める。

日本ではあまり知られていない協同組合の役割

その一方で、協同組合がこうした活動に長い時間をかけて取り組んできたことは、日本では案外知られていません。全労済協会が、勤労者に対して2年に一度実施している「社会問題や暮らしの向上に熱心なのはどんな団体か」というアンケートでは、数ある組織のなかで「協同組合」は最下位という調査結果でした（下図）。

国内外の企業がＳＤＧｓを上手に活用し、イメージアップやブランディングを図っているのに対し、設立以来ＳＤＧｓマインドに親和性のある取り組みを続けてきた協同組合は、それが当たり前の活動であるからこそ、発信が控えめなのかもしれません。

社会問題や暮らしの向上に熱心な団体は？（複数回答）

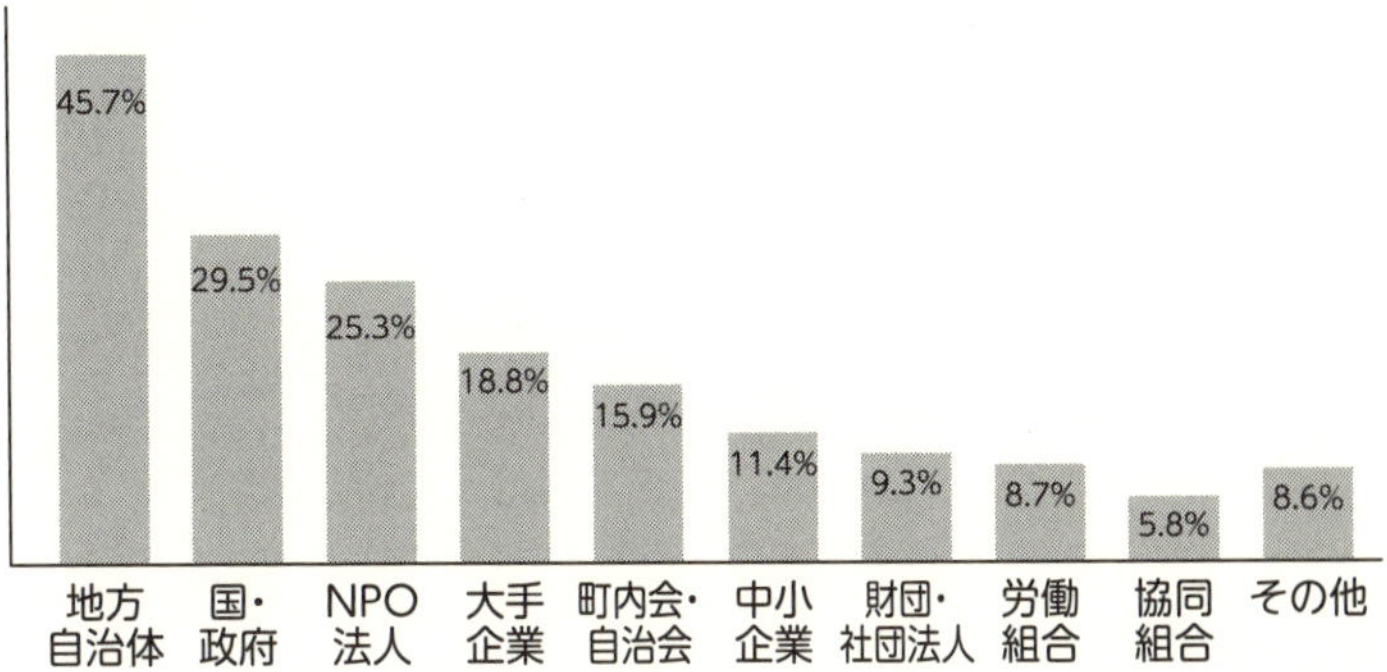
45.7%
29.5%
25.3%
18.8%
15.9%
11.4%
9.3%
8.7%
5.8%
8.6%
地方自治体
国・政府
NPO法人
大手企業
町内会・自治会
中小企業
財団・社団法人
労働組合
協同組合
その他

出典：全労済協会「勤労者の生活意識と協同組合に関する調査報告書」（2018年版）をもとに作成

協同組合には何ができる？

あえて言おう、
協同組合だからこそ
何でもできるのじゃ！
SDGs
A

K

ＳＤＧｓは、途上国だけでなくすべての国が参加し合意してできあがった、子や孫、その先の世代までもずっと続く未来社会をつくるための行動計画であり、いま世界で大きなうねりとなりつつあります。

協同組合がめざしているものは、まさしくＳＤＧｓがめざす社会と重なります。だからこそ、協同組合はこのうねりに率先して参加し、けん引する役割も期待もあるといえるでしょう。

世界でも地域でも高まる役割

１９５７年以後、国連は、総会において重点的問題解決に向け「国際年」を、さらに時間をかけるべき課題については「国

MDGsとSDGsに関わる、主な国連の国際年と国際の10年

	年	
MDGs	2001	世界の子どもたちの平和のための文化と非暴力のための国際の10年（〜2010）
	2003	国連識字の10年：すべての人に教育を（〜2012）
	2005	国連持続可能な開発のための教育の10年（〜2014） 「命のための水」国際の10年（〜2015）
	2011	国際森林年 国連生物多様性に関する10年（〜2020）
	2012	国際協同組合年
	2013	国際水協力年
	2014	国際家族農業年 すべての人のための持続可能なエネルギーの国連の10年（〜2024）
	2015	国際土壌年 アフリカ系の人々のための国際の10年（〜2024）
SDGs	2016	国際マメ年 栄養に関する行動の10年（〜2025）
	2017	開発のための持続可能な観光の国際年
	2019	家族農業の10年（〜2028）
	2020	国際植物防疫年
	2021	児童労働撤廃国際年 持続可能な開発のための海洋科学の国際の10年（〜2030）
	2022	零細漁業と養殖の国際年

出典：国際連合広報センターのウェブサイトをもとに作成

際の10年」を採択して呼びかけてきました。国連はＭＤＧｓを進めながら前ページの表のようなテーマを提起し、世界中の協同組合は、多様な取り組みを続けてきました。その後も、国連は農業や環境などに関わる国際的な取り組みを次々と提起し、これらをＳＤＧｓと並行して進めることで、２０３０年までにＳＤＧｓを達成しようとしています。これらの採択されたテーマからも、協同組合の役割に対する国際的な期待の高まりを感じます。

協同組合は人々の暮らしや仕事に深く関わる、という特徴があります。そして協同組合は本質的に、地域の課題に対して無関心ではいられません。地域それぞれの現場で活動している協同組合だからこそ、できる貢献はたくさんあります。

協同組合の事業や活動の始まりは、組合員がつねに物事を「自分ごと」としてとらえる意識にあります。一見遠い、他人ごとのようにも思われがちな環境や社会の問題を、自らの暮らしの問題、家族・地域の問題として身近に引き寄せるセンスこそが、協同組合のいわばエンジンです。最初はごく一部の組合員が気づいただけのことでも、それが協同組合の事業や活動を通して共有され、より大勢の組合員が参加できるようになっていきます。そして、地域のさまざまな組織と連携することで、組合員以外にも共感の輪が広がり、社会的枠組みをもつくり出すようになりました。

ＪＡ女性組織が取り組んできた高齢者福祉や食農教育、漁協女性部による有害合成洗剤追放運動、生協組合員の声で始まったレジ袋有料化や牛乳パック回収の運動などは、まさにその好例です。

協同組合がこれまで当たり前に行ってきた協同の価値を今一度ていねいに確認し、その意義を自認しながら実践していくことで、その重要性を広く伝えていくのも協同組合の役割です。

ＳＤＧｓという世界的な共通言語ができたことで、協同組合の役割や取り組みがこれまで以上に聞き入れられる素地ができたといえるでしょう。これを活用することで協同組合の仲間やファンを広げる好機が訪れたともいえます。

協同組合間協同で多くの目標を達成

p.33で述べた協同組合の第6原則である「協同組合間の協同」には、ＪＡとＪＡなど同種と、ＪＡと生協など異種の協同があります。現在、41の都道府県には、協同組合間協同を異業種で進める連絡組織があり、ＳＤＧｓの強力な推進者となって、各会員をけん引しています。

SDGsを体現したような日本の協同組合のミッション（抜粋）

JAグループ 「JA綱領」	地球的視野に立って環境変化を見通し、(略)環境・文化・福祉への貢献を通じて、安心して暮らせる豊かな地域社会を築こう
日本生協連 「生協の21世紀理念」	自立した市民の協同の力で人間らしいくらしの創造と持続可能な社会の実現を
JFグループ 「JF綱領」	海の恵みを享受するすべての人々とともに、海を守り育み、次代へ引き継ごう
JForest 「森林組合綱領」	森林(もり)の恵みに感謝し、地球環境保全のため、豊かな森林(もり)を未来に引き継ごう
ワーカーズコープ 「協同労働の 協同組合の原則」	貧困と差別、社会的排除を生まない社会を。(略)働く人の成長と人びとの豊かな関係性を育む、よい仕事を進めます
こくみん共済coop 「理念」	みんなでたすけあい、豊かで安心できる社会づくり
全国労働金庫協会 「ろうきんの理念」	働く人の夢と共感を創造する協同組織の福祉金融機関(略)人々が喜びをもって共生できる社会の実現に寄与することを目的とします
JF全国女性連 「漁協女性部の5原則」	漁村女性の地位の向上と明るく住みよい、豊かな漁村を建設する

上の表を見れば、それぞれの協同組合のミッションがわかります。一つの協同組合がＳＤＧｓのある目標に取り組もうとしても、なかなか前に進まないことが、往々にしてあるかもしれません。しかし、それがＪＡ、生協、漁協、森林組合、労働者協同組合など、異なる協同組合同士の協同によって、多面化・多層化し、一つの目的だけでなく、より多くの目標を達成することに結びついていきます。

第3章

自分たちのＳＤＧｓ宣言をつくろう

個人や家族でできること、
仲間やグループだからできること。
要求が広範なＳＤＧｓは、
取り組み方も千差万別です。
まずは目標を決め、
課題を探し当て、よく話し合い、
自分たちのＳＤＧｓ宣言をつくることから
始めましょう。
クミちゃんとＡｉも、
協同組合の仲間たちと
作戦会議です。

個人や家族でできることは？

実際にＳＤＧｓに取り組もうとしても、何から手をつけていいかわからない――そんな声がよく聞かれます。例えば外食をするとき、スーツやジャケットを着用しなければならないレストランがありますね。これらの服装ルールを「ドレスコード」といいますが、「ＳＤＧｓコード」のようなものを身につけられないでしょうか。個人や家族でちょっとした行動をとるとき、環境や他者に配慮するマナーを身につけるということです。

現状を把握し、ＳＤＧｓという物差しで測る

消費者の目線では、例えばあなたが買い物をするとき、安価な洋服を作るために途上国の劣悪な環境で働かされている人がいないかどうか、思いを馳せる。環境に配慮して生産されたマークの付いた商品を選ぶ。友人を家に招いて食事会をするときには、なるべくゴミを出さないよう持ち寄りにしたり、地域の食材を使ったりする。

生産者の観点でも、農業者であれば、農業排水がもたらす湖沼や河川への影響、飼料の輸入や作物の運搬に伴う二酸化炭素の排出などの問題や、近年は農作業に従事する外国人も増えており、その処遇について課題が見つかります。漁業者であれば乱獲や養殖環境について、労働者であれば省力化や会議と残業時間の短縮。そして元気な姑・舅であれば、週に何日か家事を負担することで家庭をもった子どもたちを育児や家事から解放してあげるなど、それぞれの立場や状況でやれることはいくらでもあります。

大切なのは、現状をしっかり把握し、自分がしていることをＳＤＧｓという物差しで測ってみること。さらに、ＳＤＧｓを意識することで、例えばＬＧＢＴ※や障がい者など、マイノリティの人々にも、関心をもつきっかけが生まれます。

「SDGsウォッシュ」に注意！

環境問題が活発化した 1990 年代、「グリーンウォッシュ」という言葉が生まれました。「環境に配慮した」という意味の green と「粉飾」を意味する whitewash を掛け合わせた造語です。近年それに該当するのが、「SDGsウォッシュ」という言葉です。実態が伴っていないのに、うわべだけ SDGs に対応しているよう見せかけることで、事業と SDGs を単にひもづけただけの状態などもこれにあたります。

※レズビアン（女性の同性愛者）、ゲイ（男性の同性愛者）、バイセクシャル（両性愛者）、トランスジェンダー（心の性と体の性との不一致）の英語の頭文字をとって組み合わせた言葉。

SDGs度チェックをやってみよう

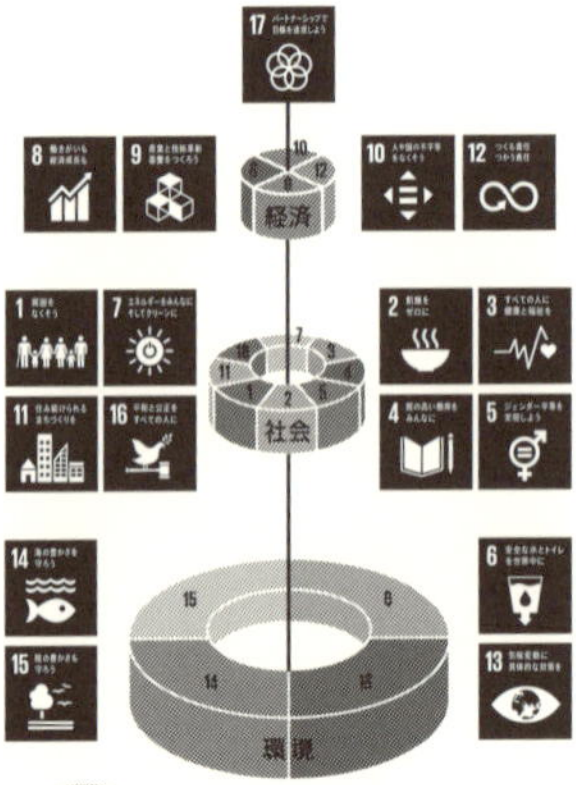

30の質問にYES／NOで答えて。
分野ごとにYESの数の合計を出して、
p.50の空欄とレーダーチャートに書き込んでね。

SDGsには17の目標がありますが、p.17の「SDGsウェディングケーキモデル」で見たように、大きく環境、社会、経済の三つの分野に分けることができます。次ページからの「SDGs度チェック」をやって、分野ごとに、あなたの思いや理解度、取り組み具合いを「見える化」していきましょう。

p.50のレーダーチャートに書き込むことで、関心の強い分野と弱い分野を知ることができます。また、定期的にやることで、どのくらい取り組みが進んだかも、わかります。

環境

❶ 世界には、安全に管理された水を手に入れられない人がどのくらいいるか知っている。 → YES NO

❷ 日本は、海外から大量に食料を輸入することで、その生産に必要な水も、間接的に大量に輸入していることを知っている。 → YES NO

❸ 地球規模の気候変動に関心をもち、常に最新の情報をチェックしている。 → YES NO

❹ 二酸化炭素をできるだけ出さないような行動を、毎日心がけている。 → YES NO

❺ 地元でとれた農畜産物や水産物を地元で消費する地産地消を心がけている。 → YES NO

❻ なんでも使い捨てせずに、資源の3R(リデュース、リユース、リサイクル)に取り組んでいる。 → YES NO

❼ プラスチックによる海洋汚染が大きな問題になっていることを知り、マイバッグやマイボトルを持ち歩いている。 → YES NO

❽ 海のエコラベル「ＭＳＣ」「ＡＳＣ」マークや、森林を守る「ＦＳＣ」マークが付いている商品に関心がある。または選んで利用する。 → YES NO

❾ 絶滅危惧種が、世界や日本、自分の住んでいる地域で今どんな状況にあるか調べたことがある。 → YES NO

❿ 環境を守るための行動を、自分だけでなく、家族や仲間、職場などに呼びかけている。 → YES NO

社会

⑪ 世界で貧しい人がどのくらいいて、その原因がなにか知っている。 → YES　NO

⑫ 自分の住んでいる地域で、どんな人が取り残されているか知っている。 → YES　NO

⑬ 世界や自分の住んでいる地域で食べ物に困っている人に、手をさしのべたことがある。 → YES　NO

⑭ 介護や認知症、孤独死など、地域の医療や福祉の問題解決のために、自分のできる行動をしている。 → YES　NO

⑮ 男女平等を達成するために、女性が活躍する環境づくりを心がけている。 → YES　NO

⑯ 再生可能エネルギーを増やすことに関心があり、自分のできることに取り組んでいる。 → YES　NO

⑰ 周りの人たちと力を合わせ、住みよい町づくりに取り組んでいる。 → YES　NO

⑱ 災害が発生したときにどうすればいいのか、地域や職場、学校でよく把握している。 → YES　NO

⑲ 世界ではどんな紛争がおこり、それをなくすにはどうすればよいか考えている。 → YES　NO

⑳ 暴力、虐待、いじめなどがあったときは、それを報告、解決する勇気をもっている。 → YES　NO

経済

㉑ 世界や日本で、立場の弱い人がどんな環境で働いているか知るようにしている。 → YES NO

㉒ 働きがいのある人間らしい仕事とはなにか、考えたことがある。 → YES NO

㉓ 地域ならではの資源や環境、文化を生かした仕事や取り組みに関心がある。 → YES NO

㉔ 日本の社会にはどのような格差があり、解決するにはどうすればよいか考えたことがある。 → YES NO

㉕ 自分のことだけではなく、いろいろな人の立場に立って考え、行動することができる。 → YES NO

㉖ 食べ残さないなど、食品ロスを出さないよう心がけている。 → YES NO

㉗ 買い物をするときは、価格だけで決めないようにしている。 → YES NO

㉘ 環境破壊や開発途上国の児童労働などに配慮した企業や団体の商品を、選んで買うようにしている。 → YES NO

㉙ 経済成長をすると環境が悪化してしまうという現在の構造を、変えなければいけないと思う。 → YES NO

㉚ 「誰一人取り残さない」というSDGsの目標を、2030年までに達成したいと考えている。 → YES NO

YESの数

環境　□　個

社会　□　個

経済　□　個

合計　□　点

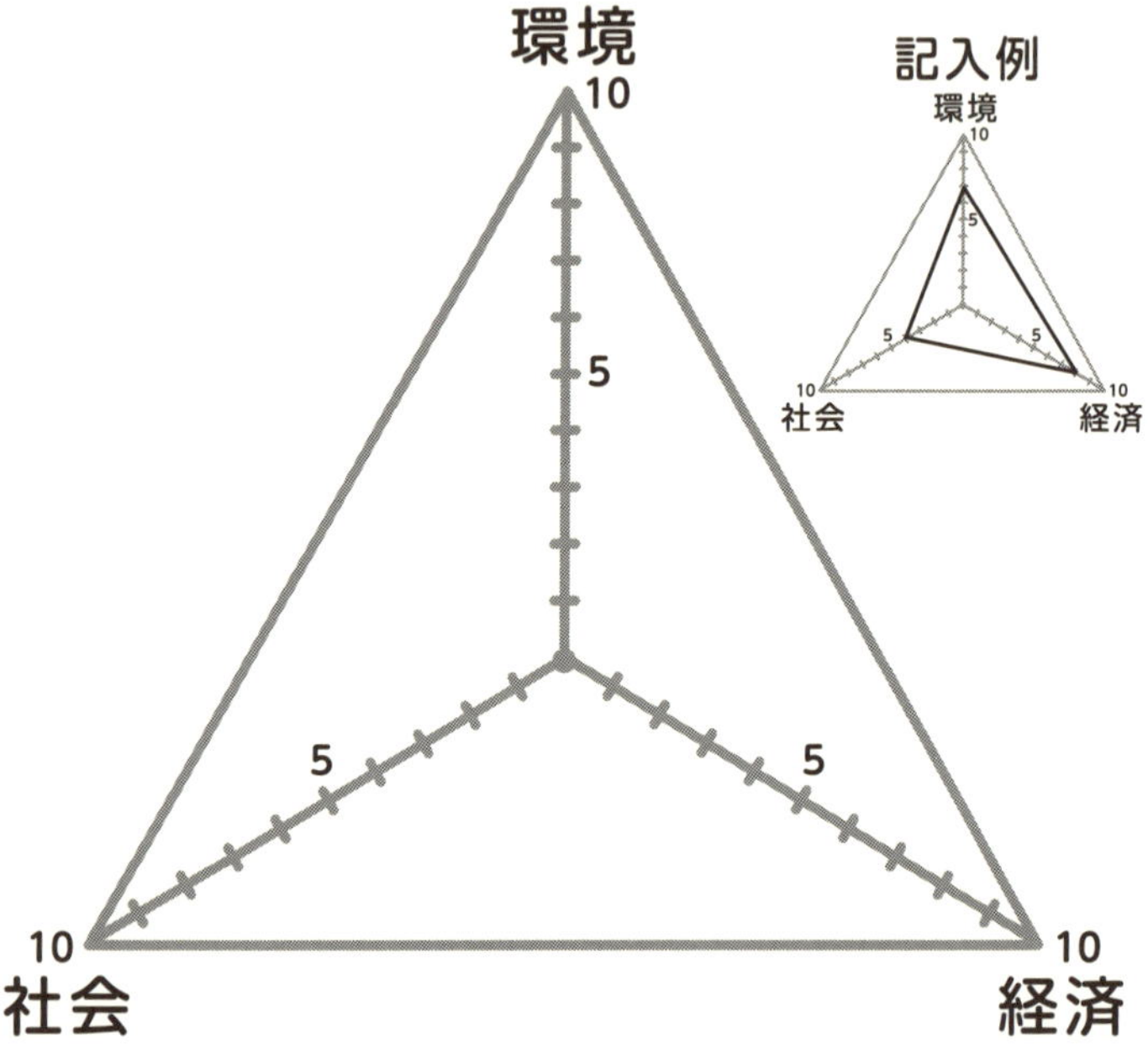

環境
10
5
5
5
10
社会
10
経済
記入例
環境
10
5
5
5
10
社会
10
経済

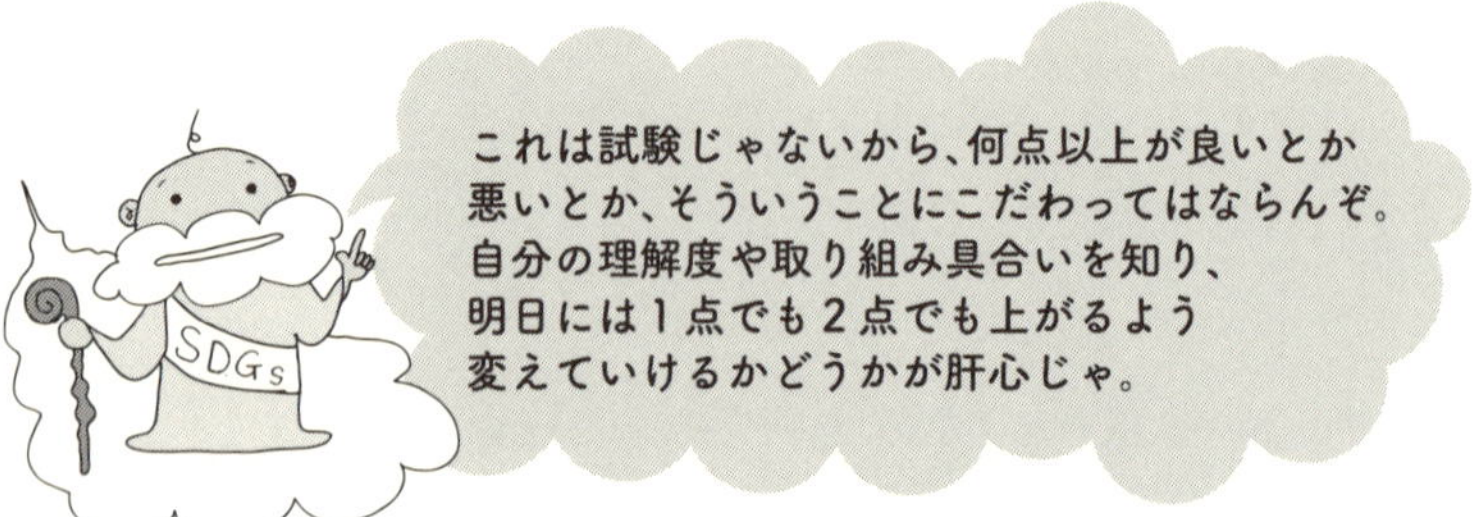

これは試験じゃないから、何点以上が良いとか
悪いとか、そういうことにこだわってはならんぞ。
自分の理解度や取り組み具合いを知り、
明日には1点でも2点でも上がるよう
変えていけるかどうかが肝心じゃ。
SDGs

仲間やグループでできることは？

　ＳＤＧｓ度チェックができたら、次のステップに進みましょう。17の目標は、個人で解決できるレベルのものとそうでないものがあります。なかには国家レベルでなければ解決できない目標もありますが、仲間といっしょに取り組めば、解決できる課題は増えます。

　個人や家族だけで行うのは限界がありますし、友人たちに唐突に提案しても、すぐには受け入れてもらえないかもしれません。でも、協同組合の仲間で、とりわけ研修などをいっしょに受けた者同士であるなら、ともに次の一歩、二歩へと進むことができるでしょう。協同組合ならではの考え方や理念にもとづいて、すでに取り組んできたことも数多くあるはずです。それを活かして話し合いを進め、地域のさまざまな仲間や組織と連携していきましょう。次ページからは、グループや組織での話し合いの進め方を解説します。

やってみよう！ SDGs ワークショップ !!

ステップ 1 一人で考えよう

SDGs の 17 の目標（p.18 ～ 26）の中で、優先的に取り組んでいきたいものを 1 ～ 3 まで順位を付け、その理由も書いてみましょう。

順位	SDGsの目標	理 由
1		
2		
3		

ステップ2　みんなで話し合おう！

①「ファシリテーター」を選び、話し合いの準備をする

＊ファシリテーターとは、活動や話し合いが容易にうまく運ぶよう支援する舵取り役。中立的な立場で、プロセスを管理し、みんなの発言やチームワークを引き出し、そのチームの成果が最大となるように支援する人のことです。
＊最初は自己紹介などで緊張をほぐしましょう（これをアイスブレイクと言います）。

②各自 SDGs の目標の順位を、付箋に転記する

ステップ1の順位と理由を1枚ずつ付箋に書きます。その際、長文ではなく要点をコンパクトにまとめることを心がけましょう。

③自分たちだけで取り組むSDGsの目標を決める

②の付箋をホワイトボード等に貼って話し合いをします。ファシリテーターは、話し合いが円滑に進むよう、時々支援しましょう。SDGsチェックをもとに、グループや組織の強みや弱みを再点検しながら、グループとして取り組みたいSDGsの目標を選び順位を決めましょう。

順位	SDGsの目標	理由
1		
2		
3		

ワークショップの注意点

- 素直に、積極的に話しましょう。
- 話は短く、簡潔にしましょう。
- 自分と違う意見を否定しないようにし、アイデアをつなぎ合わせてみましょう。
- グループ内で無理に意見をまとめないようにしましょう。
- ともに耳を傾けて、深い洞察や問いを探しましょう。

ステップ3 SDGs宣言をしよう！

①パートナーシップで取り組むことを決める

SDGsの目標の達成に向け、地域の他の組織と連携して新しい何かができないかなど、さまざまなアイデアを出し合いながら、協同組合として、地域で取り組んでみたいことを話し合いましょう。目標は複数達成されることもあります。

連携して取り組みたいこと	SDGsの達成される目標

② SDGs宣言を作成する

話し合いのまとめとして、グループのＳＤＧｓ宣言を作成しましょう。絵に描いた餅ではなく、組織の活動方針にしたり、担当者を決めたりして具体的に進めていくことが大事です。

私たちのSDGs宣言

こんなテーマでも話し合ってみよう

自分の地域で、どんな人が取り残されているか、SDGsの視点を取り入れながら考えてみましょう。なぜそうなっているのか、取り残されている人たちに協同組合として何ができるかも考えてみましょう。

地域の課題や共有の財産を探し、SDGsを達成しながら協同組合としてできる新たな地域おこしを考えてみましょう。

自分ごととして考えられる
生活協同組合コープあいちの「SDGsすごろく」

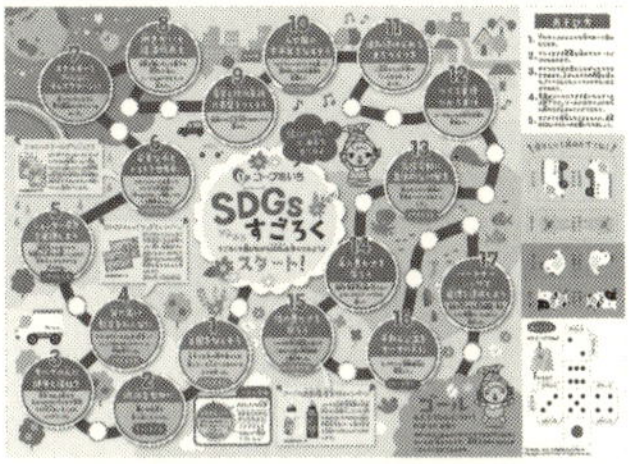

2018年に「コープあいちSDGs行動宣言」を採択したコープあいちでは、生協の事業や活動とSDGsとの関係について、オリジナルの「SDGsすごろく」を作成し組合員や職員にわかりやすく伝えています。すごろくの各マスにSDGsの目標と達成に向けてできることが紹介されており、生協で取り扱う商品の利用や、不要なコンセントを抜くなど、日常生活のちょっとした配慮がSDGsの達成につながることを、遊びながら学べるもの。「孫と楽しむために注文したが、自分自身の勉強になった」「集合住宅なので自宅の玄関扉に張ってみなさんに見ていただいている」など、多くの反響が寄せられています。

17の目標に対して何ができる？

17の目標それぞれに対してやれることはないか、さらに考えてみましょう。目標の横に箇条書きで列挙してあるのは、全国のＪＡや生協など協同組合で取り組まれている実践例です。これらを参考に、さらに自分たちでやれそうなこと、あるいはすでにやっていることなどがあれば、メモ欄に書き込んでみてください。

- 組合員の所得向上、金融・共済サービスの提供
- 多重債務問題への取り組み
- 困難を抱える女性や若者、高齢者、障がい者、生活困窮者等の就労支援や雇用促進

memo

- 国内における農林漁業の振興と食料の安定供給
- 開発途上国への農林漁業支援
- 高齢者・障がい者等への配食事業
- こども食堂・フードバンクの運営
- 移動購買

memo

3 すべての人に健康と福祉を

- 病院、診療所、歯科医院等の運営
- へき地医療の提供
- 高齢者・障がい者等のケア事業
- 健康づくり、介護予防活動
- 子育て関連事業
- スポーツ・文化・療養に関わるサービスの提供

memo

4 質の高い教育をみんなに

- 学習支援事業
- 学生生活支援サービスの提供
- 奨学金支援への取り組み
- 大学等における寄付講座
- 環境教育、生涯学習への取り組み
- 各種専門技術教育、職業訓練の提供

memo

5 ジェンダー平等を実現しよう

- 女性の雇用創出や女性管理職・役員を増やす働きかけ
- 子育て支援事業
- 職場に近接した託児所の開設など女性が働きやすい職場環境づくり
- DV 等から女性を保護するためのシェルター事業

memo

出典：IYC 記念全国協議会資料をもとに作成

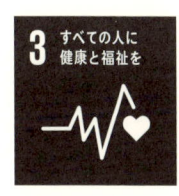

6 安全な水とトイレを世界中に

- 森林・水田管理を通じた水資源の保全と生態系の保護
- 災害時における応急給水活動と仮設トイレやし尿処理施設等の浄化
- 「せっけん運動」の普及・促進

memo

7 エネルギーをみんなに そしてクリーンに

- 太陽光、風力、小水力、バイオマス発電事業
- バイオディーゼル燃料事業
- エコオフィス・エコ住宅等の促進

memo

8 働きがいも経済成長も

- 困難を抱える女性や若者、高齢者、障がい者、生活困窮者等の就労支援や雇用促進
- 勤労者、非正規勤労者、失業者への金融支援サービス
- 中小企業への金融サービスの提供を通じた成長支援
- 農林漁業従事者への各種支援
- グリーンツーリズム等の持続可能な観光業

memo

9 産業と技術革新の基盤をつくろう

●地域包括ケアへの取り組み
●農林漁業におけるICT（情報通信技術）等の先進技術の普及・促進
●中小企業への金融サービスの提供を通じた成長支援
●産学・農商工連携による生産技術の向上や商品開発

memo

10 人や国の不平等をなくそう

●国内外におけるフェアトレードの促進
●人権問題の啓発活動
●国際機関を通じた開発途上国からの視察受け入れ
●開発途上国との商品開発や現地に赴いての技術指導

memo

11 住み続けられるまちづくりを

●コミュニティバス、移動購買、介護タクシー等の運営
●シェルター事業等の一時的住宅支援
●高齢者、子ども、障がい者等の「居場所」づくり
●地域の見守り、助け合い活動
●交通安全インフラ整備
●災害救助活動、農林業を通じた環境保全と防災
●共済サービスの提供を通じた被災者の生活再建支援

memo

12 つくる責任 つかう責任

- 食の安全確保と情報提供
- エシカル消費に関連した商品供給
- 国内外におけるフェアトレードの促進
- 森林資源の持続可能な利用
- フードバンク・リサイクル事業等を通じた資源効率の改善

memo

13 気候変動に具体的な対策を

- 森林整備による CO_2 吸収機能の発揮
- 事業における CO_2 排出量の削減
- 屋上緑化、グリーンカーテン等の取り組み
- 再生可能エネルギーの事業化、普及・促進
- グリーンボンドへの投資

memo

14 海の豊かさを守ろう

- 海洋への栄養分を供給するための森林整備
- 商品購入を通じた海洋保全の取り組み
- 海洋環境保全団体への助成事業
- 漁場環境整備、資源管理の推進

memo

15 陸の豊かさも守ろう

- 環境保全型農業の推進
- 在来種の保全
- 森林資源の持続可能な利用
- 森林整備による生物多様性の保全
- 里山再生事業
- 商品購入を通じた環境保全の取り組み

memo

16 平和と公正をすべての人に

- 平和問題への取り組み
- ピース・アクション in ヒロシマ・ナガサキの実施
- ヒバクシャ国際署名活動の支援
- 核兵器廃絶への取り組み
- 刑余者、保護観察対象者等の就労、社会復帰の支援

memo

17 パートナーシップで目標を達成しよう

- 「協同組合」というシステム自体による パートナーシップの構築
- 国内外における協同組合間の連携
- 国内における自治体、労働組合、NGO、NPO 等との連携
- 農商工を中心とした企業との連携
- 大学等高等教育機関との産学連携

memo

ＳＤＧｓを経営に組み入れるためにチャレンジしたいこと

ワークショップを行って、自分たちの組織はＳＤＧｓ達成に向け何が足りないか、さらに強化できることはないかについて総点検しましょう。既存の取り組みの何が活用できるのか棚卸しを行い、大まかな方針を定めます。宣言を発表したりプレスリリースをすることも、新たな取り組みを周知・自覚するうえで効果が大きいでしょう。

その方針にもとづき具体的な施策や行動計画を作成し、経営理念や中期計画と連関させたＫＰＩ（重要業績評価指標）を立てます。役員は課題ごとに担当する管理者を指名し、担当者はＰＤＣＡで進捗を管理して定量／定性評価を組合員と共有し、具体的なアクションに移行することが大切です。

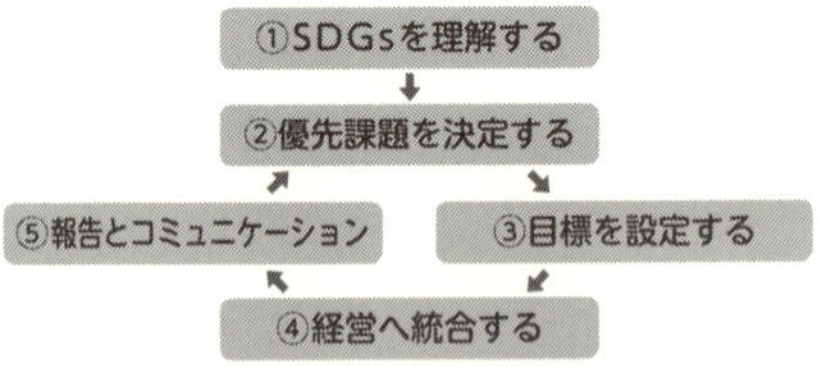
①SDGsを理解する
②優先課題を決定する
③目標を設定する
④経営へ統合する
⑤報告とコミュニケーション

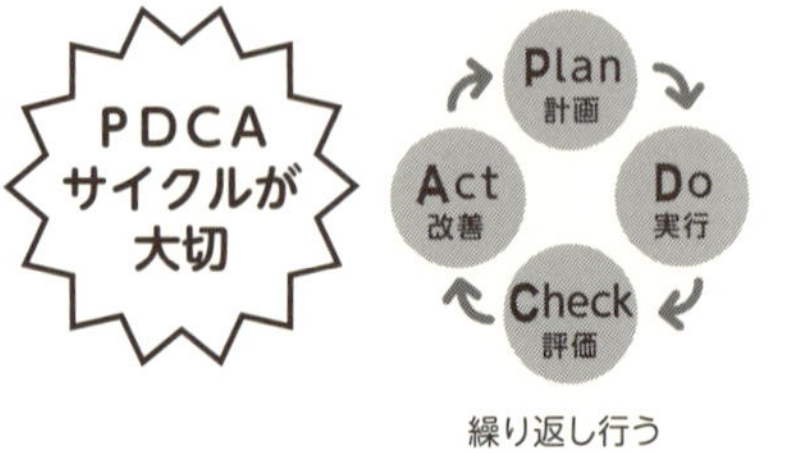
PDCA
サイクルが
大切
Plan
計画
Do
実行
Check
評価
Act
改善
繰り返し行う

第4章

協同組合はSDGsをどう実践している？

日本各地の協同組合で進む、
草の根レベルの連携。協同組合の仲間同士
が手を取り、力を合わせることで、
地域は再生され、ＳＤＧｓの目標も達成
できます。誰一人取り残さない
世界に向けて、クミちゃんとＡｉ、
仲間たちの挑戦はこれからも続きます。

食と農

人と地域を包括的に守る協同組合

――ふくしま未来農業協同組合
地産地消運動促進ふくしま協同組合協議会

原子力災害という地球規模の課題にＳＤＧｓ以前から直面してきたのがＪＡふくしま未来です。東日本大震災直後は避難所でＪＡ女性組織が昼夜問わず炊き出しを行いました。菅野孝志代表理事組合長は「農協はなんでもできる」という発想のもと、国内屈指の検査機数を誇るモニタリングセンターを開設。呼応した職員は、土壌や生産物の放射線量を組合員に視覚化し、組合員も奮い立ち、放射性物質の移行のメカニズムとともに施肥、表土剥《は》ぎ・樹皮削り、反転耕などの技術を学び、ＧＡＰなどの認証取得や食味などを震災以前より向上させた農家も多数います。また、若手職員を育成すべく、福島大学大学院の食農関係の社会人が集うプログラムに職員を派遣し、複数の職員が修士号を取得しました。本プログラムをもとに同大学には２０１９年に食農学類が新設されました。

2016年5月に来日し、ＪＡふくしま未来を訪れたＩＣＡのモニク・ルルー会長(当時・中央)

福島県にはＪＡ中央会、ＪＦ県漁連、県森連、県生協連、福島大学による地産地消運動促進ふくしま協同組合協議会があり、「絆」と「オール福島」をスローガンに連帯してきました。同協議会は、風評被害の真っただ中に全国の生協に呼びかけ、ＪＡふくしま未来の管内の放射線量を測定する「土壌スクリーニング・プロジェクト」を実施し、「福島応援隊」によって生協に管内農産物を買い支え・食べ支えてもらいました。

ＩＣＡ前会長のモニク・ルルーさんは、この県域組織と単協での取り組みを視察し、「協同組合とＳＤＧｓについて語るうえで欠かせない先例」と絶賛しました。同ＪＡはＳＤＧｓ元年から取り組みを開始しました。まず、ＩＣＡが開設したＳＤＧｓ宣言を募ったウェブサイト「Coops for 2030」にて国内では初、世界でも数番目に宣言を行いました。生協と協同で購入したＳＤＧｓバッジによって役員からの意識づけをすると同時に、広報誌ではＳＤＧｓの特集を組みました。２０１９年には経営理念とＳＤＧｓをリンクさせ、通常総代会でＳＤＧｓ特別決議を採択したり、職員研修や組合員組織でＳＤＧｓを学ぶ場を設けたりしました。同ＪＡではＳＤＧｓのアイコンがそこかしこに見受けられます。

JA 本店階段の壁には SDGs17 目標のシールが貼られている

アクション

エシカル消費に取り組んできた生協のこれから

── 日本生活協同組合連合会 大阪いずみ市民生活協同組合

2017年に創設された「ジャパンSDGsアワード」は、SDGsの達成に貢献した企業や団体の取り組みを表彰する制度。18年の第2回において、日本生活協同組合連合会（日本生協連）がSDGs推進副本部長賞（内閣官房長官賞）を受賞しました。「エシカル消費」（p.23）に対応するコープ商品の開発や供給、全国連合会としてSDGs達成に向けた各地の生協の取り組みを支援していることなどが評価されたものです。第1回の同賞は、パルシステム生活協同組合連合会が受賞しています。

2018年12月に首相官邸で行われた「ジャパンSDGsアワード」の表彰式

「コープSDGs行動宣言」7つの取り組み

- 持続可能な生産と消費のために、商品とくらしのあり方を見直していきます
- 地球温暖化対策を推進し、再生可能エネルギーを利用・普及します
- 世界から飢餓や貧困をなくし、子どもたちを支援する活動を推進します
- 核兵器廃絶と世界平和の実現をめざす活動を推進します
- ジェンダー平等（男女平等）と多様な人々が共生できる社会づくりを推進します
- 誰もが安心してくらし続けられる地域社会づくりに参加します
- 健康づくりの取り組みを広げ、福祉事業・助け合い活動を進めます

日本生協連と全国の生協では、97年に策定した生協の21世紀理念「自立した市民の協同の力で人間らしいくらしの創造と持続可能な社会の実現を」のもと、さまざまな取り組みを進めてきました。18年には「コープＳＤＧｓ行動宣言」（右ページ）も採択しています。

大阪いずみ市民生協では17年に「ＳＤＧｓへのとりくみ方針」を策定。①エシカル消費を広げる、②再生可能エネルギーの比率を高めてCO_2を大幅削減する、③平和を求める声を広げる、を優先課題として、達成に向けた管理指標の設定や年度ごとの進捗管理を行っています。店舗ではエシカル商品がＰＯＰで目立つように陳列されていたり、ストローも紙製に切り替えるなど、18年度のエシカル消費対応商品の取り扱い品目数は前年度比１２８・７％と大幅に増加。供給高も１０６・７％となりました。食の安全や食育をテーマにした「コープ・ラボ　たべる＊たいせつミュージアム」も開設しており、19年には消費者庁による消費者支援功労者表彰も受賞しています。

店舗におけるエシカル商品の品ぞろえを紹介した大阪いずみ市民生協の広報誌

大阪府和泉市の「コープ・ラボ　たべる＊たいせつミュージアム」

環境

浜のかあさんたちの「お魚殖やす植樹運動」

――北海道漁協女性部連絡協議会（漁協＋ＪＡ＋森林組合＋生協）

北海道で30年以上にわたって毎年行われている、植樹と森を育てる「保育活動」。それが「お魚殖やす植樹運動」です。ＪＦ北海道女性連が中心となって始まったこの取り組みは今、漁協、ＪＡ、森林組合、生協などと連携・協働することで、環境問題やＳＤＧｓという、より大きなテーマにもつながってきています。スローガンは「１００年かけて１００年前の自然の浜を」。全道でこれまでに植樹した樹木は、トドマツ、エゾマツ、カラマツ、ナナカマド、ミズナラ、サクラなどで、累計本数は約１２０万本に迫る勢いです。

１００年ほど前までは、豊かな森に覆われていた北海道の沿岸地域ですが、地場産業の発展とともに大量の薪が燃料として使用され、沿岸部の森が乱伐されます。さらに戦後、大規模開発が進んだ結果、陸の土砂が海に流れ込み、昆布などの海藻類が枯れる事態に陥り、それに伴ってウニや魚介類の水産資源も減少していきました。

そうしたなか、1988年から「浜のかあさん」（JF北海道女性連）が全道で山に植樹を始めます。魚の繁殖や保護につながる沿岸部の森林は「魚つき林」と呼ばれ、森が海を育むことは漁業者の間では広く知られていたことでした。北海道では、川で産卵し、その一生を終えたサケのことを「ほっちゃれ」と呼びます。「ほっちゃれ」は、鳥や動物、水生昆虫の餌となり、その死骸や糞が微生物に分解され、森や大地の栄養となって豊かな自然に還ります。川で生まれ、海に出て、大海で3～5年間過ごして大きく成長し、産卵のため、生まれた川に戻ってくるサケは海の栄養を陸の奥まで運びあげるという大切な役割を果たしているのです。

浜のかあさんたちは、植樹だけではなく、こうした自然の摂理に関する学習会も行い、「森と川と海は一つ」という考え方を広めることにも注力してきました。今では地域の人々や子どもたちも参加することで、「安全で安心な食の環境」を守る取り組みへとその輪をさらに大きく広げています。

30年以上の活動で累計120万本近く植樹。漁協からJA、森林組合や生協などとの、協同の輪が拡大している

仕事おこし

持続可能な地域づくりを協同労働で

―日本労働者協同組合（ワーカーズコープ）連合会

「労働者協同組合（ワーカーズコープ）」とは、働く人や地域住民が集まり、お金を出し合い、経営も担いながら自ら働く、労働者の協同組合です。

もともとは、失業している日雇い労働者の労働組合から生まれた団体です。草刈りや清掃をやりながら、働く人が主人公となれる民主的な運営による働き方とは何かを模索し、ヨーロッパのワーカーズコープに同様の働き方があることを学んで、１９８６年に日本でも労働者協同組合を名乗るようになりました。

働く人みんなが出資し、一人一票の決定権を持ちながら運営しています。マニュアルで定められた働き方ではなく、話し合いを通じて、一人一人の特性を生かし支え合う働き方を行うことで、困難を抱えた人が働くことが可能になるといいます。現在では、高齢者、

路上清掃を元ホームレスの人など就労困難な仲間たちで行う

障がい者、ニートやひきこもりの若者、シングルマザー、生活保護受給者、生活困窮者など多様な人たちが共に働き、全国約１万５０００人、約３５０億円の事業を担っています。「協同労働×ＳＤＧｓ宣言」を出し、働きたい誰もが共に働ける社会こそ、持続可能な社会だと考えています。

商店街の空き店舗や廃校を活用し、高齢者介護や障がい児支援の施設を開設。商店街に地域住民が集うイベントを開催しながら地域に困りごとを伝え、地域再生とともに高齢者や子どもを支えるまちづくりに取り組んでいます。また、信用金庫の協力を得ながら廃油を回収し、ＪＡの土地を活用してバイオディーゼル燃料を製造し、生協のトラックに供給するなど、協同組合の連携を生かした再生可能エネルギー事業にも取り組んでいます。他にも、障がい者が農業や加工品製造などを行う農福連携や、就労困難な若者が職業訓練を経て山間部に移住し、間伐・シイタケ栽培など「山の百業」に取り組む地域循環型事業など、持続可能な仕事おこし・まちづくりに挑戦しています。

協同労働×ＳＤＧｓ宣言

- 働きたいと思う誰もが安心して働くことができる“完全就労社会”をめざして、協同労働の協同組合（ワーカーズコープ）法の制定を実現し、個性を活かし合い、協同して働ける職場と地域をつくり出していきます。
- 子どもから高齢者まで世代を超えた地域住民の生活や地域のニーズに応えて、住民主体による「多世代・共生型の総合的な福祉と学びの拠点」を全国に1000カ所立ち上げます。
- 地域の持続可能性を高める経済システムとして、フード・エネルギー・ケアが自給循環するコミュニティ経済を推進し、持続可能な地域づくりを目指します。

「ほぺたん食堂」は地域ぐるみでみんなの居場所に

——いばらきコープ生活協同組合（生協＋ＪＡなど）

地元野菜たっぷりの食事をみんなで囲むのを楽しみに訪れる人も多い

全国初の生協による子ども食堂、いばらきコープの「ほぺたん食堂」は、茨城県内の行政やＪＡ、ボランティアなどと連携した先駆的な例として知られます。地域の子どもたちに温かい夕食を提供するとともに、勉強もできるような安心して過ごせる居場所づくりをめざし、２０１６年５月に下妻市で始まりました。

きっかけは、同生協が県内の小中学校や幼稚園などから依頼を受け、年間50カ所以上で実施してきた食育教室のなかで、野菜を食べない子どもやお菓子を買って夕食代わりにしている子どもの存在に気づき、さらに「孤食」の問題の広がりと深刻さを目の当たりにしたこと。また、地域には一人暮らしの高齢者も年々増えており、孤食は子どもだけでなく、高齢者にもあてはまることにも気づきました。そこで「地域のみんなで食卓を囲む居場所づくり」に向けて、下妻市社会福祉協議会と共催で始めたのが「ほぺたん食堂」です。費用は子ども１００円、大人３００円で、月1回17~19時に開催。食材となる野菜や米は地元ＪＡが無償で提供、調理などの運営は同生協の組合員や地域住民によるボランティアが行います。開催時に近隣の学校に挨拶に行ったところ、学生ボランティアも参加してくれることになりました。みんなでいっしょに調理することで新たな交流が生まれ、「地域の共食」「地域コミュニティの再生」といった、当初は想定していなかった成果も見られます。現在では、下妻市のほか結城市、常総市、土浦市でも開催されています。

　県内には、茨城保健生協がＪＡなどと連携した子ども食堂（県内4カ所）、ＮＰＯが商店街や生協・ＪＡ・漁連などと連携した３１０食堂（毎月1回　同日に3カ所で開催）などもあります。また、県央子ども食堂ネットワーク「おかえり」もでき、20カ所の運営団体が定期的に集まり、情報交換や食材の分け合いなどを行っています。協同組合が諸団体と連携して子ども食堂、みんなの居場所の輪を広げています。

食材は JA より提供された

写真はいばらきコープのウェブサイトより転載

助け合い

地域をつなぐ「おたがいさま」

——生活協同組合しまね（生協＋医療生協＋ＪＡ＋社会福祉協議会）

暮らしの中で直面する「困った」「手助けがほしい」「こんなことができたら……」。それに対し「応援したい」「助けてあげたい」と考えている人は、必ずいます。そんな両者をつなぎ、互いに支え合う仕組み——それが、２００２年に島根県・生協しまねの出雲地区でスタートした有償助け合いシステム「おたがいさま」です。その仕組みは左ページの通りで、「誰でも・いつでも・どんなことでも」をモットーに、コーディネーターが利用者の家を訪ね、困りごとをよく聞き、応援者と結びつける役割を果たしています。

めざしたのは「弱者の救済」ではなく、困っている人の思いに共感し、それに応える人を「つなぐ」こと。当初は生協主体でしたが、組合員以外にも利用を開放し、医療生協やＪＡ、社会福祉協議会などとも連携して、多様な依頼に応えています。14年には「地域つながりセンター」を設立。18年度の利用者は１万６１１２人、応援時間は3万３３０４時間。19年現在、県内６拠点で展開し、応援者の登録数は１４５１人にのぼります。

「おたがいさま」の仕組み

応援料
600～800円／時間

- 自分のできることをできるときに活動（登録料200円）
- 資格・経験不要
- 交通費は実費が支払われる
- 保険制度あり

利用料
800～1,100円／時間

- 利用料のうち200～300円は運営費
- 誰でも利用できる
- 交通費は実費

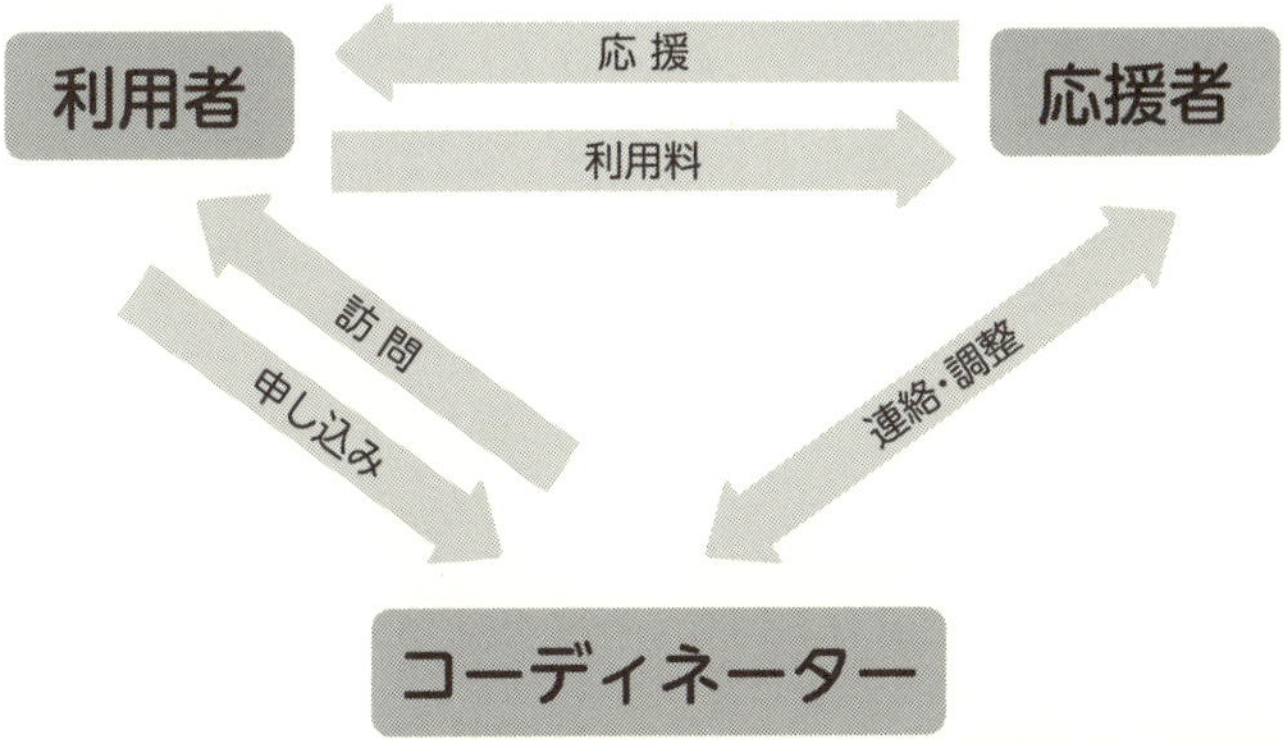

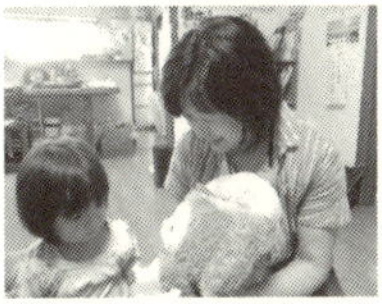

運営費
200～300円／時間

- 利用者の思いに寄り添って利用者と応援者をつなぐ

※利用者、応援者ともに入会金、年会費などはかからない
※上記料金は各地域の「おたがいさま」によって異なる

困りごと・応援の例

家　事	掃除・洗濯・買い物・食事作り・ゴミ出し
介　助	散歩・話し相手・外出や通院の付き添い
育　児	子どもの遊び相手・産前産後の育児・家事
その他	草取り・電球交換・衣類の直し・お墓の掃除

地域で輝くＪＡ女性の50万パワー
——ＪＡ全国女性組織協議会

戦後70年余の歴史の中で、食と農を基軸に、時代や地域ごとの女性の要望に合わせて多彩な活動を展開してきたＪＡ女性組織。農村部を中心とした女性のくらし、経済的・社会的地位の向上、生きがいづくり、地域活性化や農業振興などに多大な成果を挙げてきました。その活動は、まさにＳＤＧｓそのものといえます。

ＪＡ女性組織の全国団体であるＪＡ全国女性組織協議会では、２０１９年度からの３カ年計画として「ＪＡ女性　地域で輝け　50万パワー☆」を２０１９年1月に決定。５月には「持続可能な社会を築くために～50万パワー☆のＳＤＧｓ宣言～」も出しています。

３カ年計画では、ＳＤＧｓと結びつけた①食を守る☆、②農業を支える☆、③地域を担う☆、④仲間をつくる☆、⑤Ｊ

JA 全国女性組織協議会の 3 カ年計画のパンフレット

Ａ運営に参画する☆、という五つの具体的な行動を定めています。例えば、①の食を守る☆では、ＳＤＧｓ目標の12、2、7、14、15と結びつけ、食料自給率の向上に向けた運動の展開、地産地消の推進や伝統食の継承、食品ロスの削減といった行動に取り組んでいます。⑤のＪＡ運営に参画する☆では、「正組合員30％以上、総代15％以上、理事等15％以上」という高い目標を掲げ、「ジェンダー平等を実現しよう（目標5）」が日本で達成困難とされているなか注目を集めています。

　こうしたなか、ＳＤＧｓについてより広がりをもたせるために、フレッシュミズ（ＪＡ女性組織の若手メンバーで構成する組織）から、「かるたを作ろう」という声が上がりました。早速、19年4月のＪＡ女性組織フレッシュミズ全国代表者会議でＳＤＧｓ市民社会ネットワーク事務局長の新田英理子さんの講演を聴いた後、グループに分かれて、かるたの読み札を作成しました。11月の交流集会で絵札も作り、さまざまな活用が期待されています。全国50万人に及ぶメンバー全員がＳＤＧｓの目標と行動を共有しながら、協同の輪を広げています。

みんなで話し合いながら絵札を作った

こんな読み札を作りました

- **あ** たたかく　住みよい地域を　つくろうね
- **え** がおだね　食卓かこむ　子どもたち
- **な** んでだろう？　疑問が湧いたら　即行動
- **ひ** とごとに　してはダメだよ　ＳＤＧｓ
- **も** うしない！　買いすぎ取りすぎ　使い捨て

国際協力

協同組合ならではのグローバルな協力関係

―アジア農業協同組合振興機関　日本生活協同組合連合会

１９６３年の設立以来、ＪＡグループの国際協力事業に取り組んでいるアジア農業協同組合振興機関（ＩＤＡＣＡ）。海外の農民組織の育成・強化や、女性などの人材育成を支援しています。１３３カ国から６４７６人（２０１９年５月末現在）の研修員を受け入れました。日本各地のＪＡをはじめ、関連施設訪問などの研修を積極的に取り入れ、地域社会、生活に関わるＪＡの活動を紹介することで、協同組合の価値の理解を広げています。ＩＣＡのアジア・太平洋地域事務局のバル・アイヤー事務局長は、「１９６８年から続いているＩＤＡＣＡの研修にはアジア地域の多くの農業・協同組合関係者が参加しており、総合事業である日本のＪＡを学ぶことはとても意義深い」と、語ります。

アジア諸国からの研修員は帰国後、政府や協同組合関係の要人になるケースも多く、国際的な関係構築にも貢献してきた

海外の研修員は、今の日本のＪＡと自国の協同組合の発展度

合いにギャップを感じることも多く、研修で学んだことをどのように生かしていけばよいかという課題に取り組まなければなりません。だからこそ、日本のＪＡも同じような黎明《れいめい》期《き》を経てきたということをきちんと伝えています。研修員たちが自国に帰って実際にさまざまな協同組合を立ち上げた例も多く、「機械への投資や箱物の建設ではなく、能力開発というソフトに着目している点がすばらしい」と、アイヤー事務局長は高く評価します。

コープみらいのエコセンターで説明を受けるアフリカの協同組合関係者

また、国連の専門機関であるＩＬＯ（国際労働機関）は、１９２０年から協同組合開発に取り組むなど、協同組合とは古くから緊密な連携関係にあります。世界のすべての人にディーセント・ワーク（p.21）を実現するためにさまざまな取り組みを進めており、日本生協連ではそうしたＩＬＯの活動に協力して、２０１０年よりアフリカの16カ国から43人の協同組合関係者の視察研修を受け入れています。このほかにも、日本生協連ではＩＣＡと協力して、アジアの生協を中心に、１９８０年代から開発途上国の協同組合役職員の研修受け入れやアジア各国での研修プログラムの開催を支援しています。

監修　一般社団法人 日本協同組合連携機構
（JCA／Japan Co-operative Alliance）

日本国内の各種協同組合間の協同や海外協同組合との連携を進めてきた「日本協同組合連絡協議会（JJC）」の取り組みを引き継ぎ、一般社団法人ＪＣ総研を改組して、2018年4月1日に誕生した組織。①協同組合間連携、②政策提言・広報、③教育・研究の３つの機能を備え、地域・都道府県・全国の各段階におけるさまざまな協同組合の力を集め地域の課題解決、持続可能な地域づくりをめざす。ウェブサイトで協同組合のSDGsの取り組み事例を紹介している。
https://www.japan.coop/

編集協力	株式会社コセプロ
執筆・まとめ	小瀬村泰人
イラスト	大山きいろ
装丁	株式会社ＭＫＤ
デザイン	三田村博和、武藤まりも
校正	高橋和敬

写真・図版提供／JAふくしま未来、日本生協連、大阪いずみ市民生協、北海道ぎょれん、日本労働者協同組合連合会、いばらきコープ、生協しまね、JA全国女性協、ＩＤＡＣＡ、コープあいち、PIXTA

主な参考文献・ウェブサイト／一般社団法人日本協同組合連携機構『新　協同組合とは〈四訂版〉そのあゆみとしくみ』、一般社団法人Think the Earth編著・蟹江憲史監修『未来を変える目標　ＳＤＧｓアイデアブック』（発売・紀伊國屋書店）、日能研教務部『ＳＤＧｓ国連　世界の未来を変えるための17の目標　2030年までのゴール』（発行・日能研、発売・みくに出版）、国際連合広報センター（https://www.unic.or.jp/）、公益財団法人日本ユニセフ協会（https://www.unicef.or.jp/）、一般社団法人日本エシカル推進協議会ＳＤＧｓ関連ページ（https://www.jeijc.org/topics/jei-sdgs-online-survey/）、掲載した各団体のウェブサイト

1時間でよくわかる　SDGsと協同組合

2019年11月30日　第1版発行
2022年 3 月10日　第17版発行

監　修　一般社団法人 日本協同組合連携機構（JCA）
発行者　河地尚之
発行所　一般社団法人 家の光協会
〒162-8448
東京都新宿区市谷船河原町11
電話　03-3266-9029（販売）
03-3266-9028（編集）
振替　00150-1-4724
印刷・製本　中央精版印刷株式会社

ISBN978-4-259-52198-1 C0061